全国高职高专教育土建类专业教学指导委员会规划推荐教材

工 程 测 量

（供热通风与空调工程技术专业适用）

本教材编审委员会组织编写

崔吉福　主　编

杨明强　副主编

苗景荣　主　审

中国建筑工业出版社

图书在版编目（CIP）数据

工程测量/崔吉福主编．—北京：中国建筑工业出版社，
2004

全国高职高专教育土建类专业教学指导委员会规划推荐
教材

ISBN 978-7-112-06921-7

Ⅰ.工… Ⅱ.崔… Ⅲ.工程测量 Ⅳ.TB22

中国版本图书馆 CIP 数据核字（2004）第 110977 号

全国高职高专教育土建类专业教学指导委员会规划推荐教材

工 程 测 量

（供热通风与空调工程技术专业适用）

本教材编审委员会组织编写

崔吉福 主 编

杨明强 副主编

苗景荣 主 审

*

中国建筑工业出版社出版、发行（北京西郊百万庄）

各地新华书店、建筑书店经销

北京建筑工业印刷厂印刷

*

开本：787×1092毫米 1/16 印张：10 字数：240千字

2004年12月第一版 2012年2月第三次印刷

定价：17.00元

ISBN 978-7-112-06921-7

（12875）

本书是全国高职高专教育土建类专业教学指导委员会规划推荐教材。是在总结多年的高职教学改革成功经验的基础上，结合我国暖通空调工程施工的基本情况，按照暖通空调专业高职人才培养的特点编写的。

　　本书详细介绍了水准仪、经纬仪、电磁波测距仪的基本构造和使用方法，并在此着重介绍了暖通空调工程施工测量的基本工作方法和放样方法；同时介绍了变形观测的方法，选编了电子经纬仪、电子水准仪、激光经纬仪、激光水准仪、全站仪和全球定位系统等现代测绘技术。

　　本书除绪论外，共分 11 章，教学时数按 45 学时分配，其中含 15 学时的实训课。

　　本书可作为高等职业院校、高等专科学校、成人高校及民办高校供热通风与空调工程技术专业的教材，也可供相关的工程技术人员参考。

＊　＊　＊

责任编辑：齐庆梅　朱首明

责任设计：孙　梅

责任校对：刘　梅　王　莉

本教材编审委员会名单

主　任：贺俊杰

副主任：刘春泽　张　健

委　员：陈思仿　范柳先　孙景芝　刘　玲　蔡可键

　　　　蒋志良　贾永康　王青山　余　宁　白　桦

　　　　杨　婉　吴耀伟　王　丽　马志彪　刘成毅

　　　　程广振　丁春静　胡伯书　尚久明　于　英

　　　　崔吉福

序　言

全国高职高专教育土建类专业教学指导委员会建筑设备类专业指导分委员会（原名高等学校土建学科教学指导委员会高等职业教育专业委员会水暖电类专业指导小组）是建设部受教育部委托，并由建设部聘任和管理的专家机构。其主要工作任务是，研究建筑设备类高职高专教育的专业发展方向、专业设置和教育教学改革，按照以能力为本位的教学指导思想，围绕职业岗位范围、知识结构、能力结构、业务规格和素质要求，组织制定并及时修订各专业培养目标、专业教育标准和专业培养方案；组织编写主干课程的教学大纲，以指导全国高职高专院校规范建筑设备类专业办学，达到专业基本标准要求；研究建筑设备类高职高专教材建设，组织教材编审工作；制定专业教育评估标准，协调配合专业教育评估工作的开展；组织开展教学研究活动，构建理论与实践紧密结合的教学内容体系，构筑"校企合作、产学研结合"的人才培养模式，为我国建设事业的健康发展提供智力支持。

在建设部人事教育司和全国高职高专教育土建类专业教学指导委员会的领导下，2002年以来，全国高职高专教育土建类专业教学指导委员会建筑设备类专业指导分委员会的工作取得了多项成果，编制了建筑设备类高职高专教育指导性专业目录；制定了"供热通风与空调工程技术"、"建筑电气工程技术"、"给水排水工程技术"等专业的教育标准、人才培养方案、主干课程教学大纲、教材编审原则，深入研究了建筑设备类专业人才培养模式。

为适应高职高专教育人才培养模式，使毕业生成为具备本专业必需的文化基础、专业理论知识和专业技能、能胜任建筑设备类专业设计、施工、监理、运行及物业设施管理的高等技术应用性人才，全国高职高专教育土建类专业教学指导委员会建筑设备类专业指导分委员会，在总结近几年高职高专教育教学改革与实践经验的基础上，通过开发新课程，整合原有课程，更新课程内容，构建了新的课程体系，并于2004年启动了"供热通风与空调工程技术"、"建筑电气工程技术"、"给水排水工程技术"三个专业主干课程的教材编写工作。

这套教材的编写坚持贯彻以全面素质为基础，以能力为本位，以实用为主的指导思想。注意反映国内外最新技术和研究成果，突出高等职业教育的特点，并及时与我国最新技术标准和行业规范相结合，充分体现其先进性、创新性、适用性。它是我国近年来工程技术应用研究和教学工作实践的科学总结，本套教材的使用将会进一步推动建筑设备类专业的建设与发展。

"供热通风与空调工程技术"、"建筑电气工程技术"、"给水排水工程技术"三个专业教材的编写工作得到了教育部、建设部相关部门的支持，在全国高职高专教育土建类专业教学指导委员会的领导下，诚聘全国高职高专院校本专业享有盛誉、多年从事"供热通风与空调工程技术"、"建筑电气工程技术"、"给水排水工程技术"专业教学、科研、设计的副教授以上的专家担任主编和主审，同时吸收工程一线具有丰富实践经验的高级工程师及优秀中青年教师参加编写。可以说，该系列教材的出版凝聚了全国各高职高专院校"供热通风与空调工程技术"、"建筑电气工程技术"、"给水排水工程技术"三个专业同行的心血，也是他们多年来教学工作的结晶和精诚协作的体现。

各门教材的主编和主审在教材编写过程中认真负责，工作严谨，值此教材出版之际，全国高职高专教育土建类专业教学指导委员会建筑设备类专业指导分委员会谨向他们致以崇高的敬意。此外，对大力支持这套教材出版的中国建筑工业出版社表示衷心的感谢，向在编写、审稿、出版过程中给予关心和帮助的单位和同仁致以诚挚的谢意。衷心希望"供热通风与空调工程技术"、"建筑电气工程技术"、"给水排水工程技术"这三个专业教材的面世，能够受到各高职高专院校和从事本专业工程技术人员的欢迎，能够对高职高专教学改革以及高职高专教育的发展起到积极的推动作用。

全国高职高专教育土建类专业教学指导委员会
建筑设备类专业指导分委员会
2004 年 9 月

前　　言

　　本书是全国高职高专教育土建类专业教学指导委员会规划推荐教材，是编者在总结多年的高职教学改革成功经验的基础上，结合我国暖通空调工程施工的基本情况，按照供热通风与空调工程技术专业高职人才培养的特点编写的。

　　本书本着"理论性、实用性、专业性、先进性"的原则进行编写。在内容上力求简洁、概念清晰，做到基础理论知识够用为度，突出理论的应用思路、测绘仪器的操作技能和施工测量方法与技术的运用，并注重图文并茂，理论联系实际。每章后均有思考题与习题，便于学生巩固理论知识，培养生产实际应用的综合能力。

　　本书广泛吸收了最新测绘技术。书中选编了电子经纬仪、电子水准仪、激光经纬仪、激光水准仪、全站仪和卫星全球定位系统等现代测绘技术。

　　本书除绪论外，共分 11 章，教学时数按 45 学时分配，其中含 15 学时的实训课。

　　本书由哈尔滨铁道职业技术学院崔吉福任主编，河南平顶山工学院杨明强任副主编，河南平顶山工学院朱淑丽、新疆建设职业技术学院李莲参编。绪论、第一章由朱淑丽编写；第二、三章由李莲编写；第四、六、九章由杨明强编写；第五、七、八、十、十一章由崔吉福编写。

　　本书由黑龙江建筑职业技术学院苗景荣主审，他对编写工作提出了许多宝贵意见，在此表示诚挚的感谢。

　　由于本书编者水平有限，加之时间仓促，书中不足和错误之处在所难免，敬请使用本书的读者批评指正。

目 录

绪　　论

一、暖通工程测量的性质和任务

测量学是研究地球的形状、大小以及地表（包括空中和地下）点的位置（坐标和高程）的科学。它的内容包括测定和测设两个部分。测定是指使用测量仪器和工具，通过测量和计算，得到一系列测量数据，再把地球表面的地物和地貌缩绘成地形图，供经济建设、规划设计、科学研究和国防建设使用。测设是指把图纸上规划设计好的建筑物、构筑物的位置在地面上标定出来，作为施工的依据。

暖通工程测量是测量学的一个组成部分，它主要包括暖通工程在勘测设计、施工建设和设备安装等阶段所进行的各种测量工作。它的主要任务如下：

（1）测绘大比例尺地形图　把工程建设区域内的各种地物和地貌的几何形状及其空间位置，按一定的比例尺测绘成地形图，为暖通工程设计提供图纸和资料。

（2）施工测量　将设计好的管道线路在实地测设出来，作为施工的依据；并配合暖通施工进行各种测量工作，以保证施工的质量；开展竣工测量，为工程验收、改建、扩建和维修管理提供资料。

（3）暖通设备安装测量　常用暖通设备（管道系统；水泵、风机、箱罐类；民用锅炉及附属设备）的安装测量方法。

由此可见，测量工作贯穿于暖通工程的全过程，是工程质量的重要保证，因此，暖通工程专业的学生必须掌握必要的测量知识和技能。

二、测量工作的基准面和基准线

由于地球的自转运动，地球上任意一点都要受到离心力和地心吸引力的双重作用，这两个力的合力称为重力，重力的方向线称为铅垂线。铅垂线是测量工作的基准线，可用悬挂垂球的细线方向来表示。

静止的水面称为水准面，水准面是受地球重力影响而形成的，是一个处处与重力方向垂直的连续曲面，与水准面相切的平面称为水平面。任何自由静止的水面都是水准面，因高度不同水准面有无数多个，其中与平均海水面相吻合并向大陆、岛屿内延伸而形成的闭合曲面，称为大地水准面。大地水准面是测量工作的基准面。由大地水准面包围的地球形体称为大地体。

用大地体表示地球形体是恰当的，但由于地球内部质量分布不均匀，引起铅垂线的方向产生不规则的变化，致使大地水准面成为一个复杂的曲面（见图 0-1a），无法在这个曲面上进行测量数据处理。为了使用方便，通常用一个非常接近于大地水准面，并可用数学式表示的几何形体（即地球椭球）来代替地球的形状（见图 0-1b）作为测量计算的基准面。地球椭球是一个椭圆绕其短轴旋转而成的形体，故地球椭球又称旋转椭球，如图 0-2所示，旋转椭球体由长半径 a（或短半径 b）和扁率 α 所决定。我国目前采用的元素值如下所述：

1

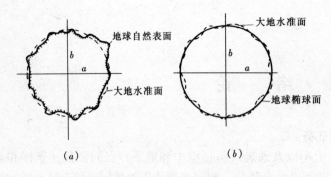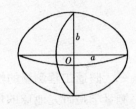

图 0-1　大地水准面　　　　　　　　图 0-2　旋转椭球体

长半径：$a = 6\ 378\ 140\mathrm{m}$

短半径：$b = 6\ 356\ 755\mathrm{m}$

扁　率：$\alpha = (a-b)/a = 1/298.257$

由于地球椭球的扁率很小，因此当测区范围不大时，可近似地把地球椭球看作为圆球，其半径为6371km。并选择陕西省泾阳县永乐镇某点为大地原点，进行了大地定位。由此而建立起来全国统一坐标系，这就是现在使用的"1980 年国家大地坐标系"。

三、地面点位的确定

测量工作的基本任务是确定地面点的位置，确定地面点的空间位置需用三个量，在测量工作中，是将地面点 A、B、C、D、E（见图 0-3）沿铅垂线方向投影到大地水准面上，得到 a、b、c、d、e 的投影位置。地面点 A、B、C、D、E 的空间位置，就可用 a、b、c、d、e 的投影位置在大地水准面上的坐标及其到 A、B、C、D、E 的铅垂距离 H_A、H_B、H_C、H_D、H_E 来表示。

（一）地面点的高程

地面点到大地水准面的铅垂距离，称为该点的绝对高程，或称海拔。在图 0-4 中的 H_A 和 H_C 即为 A 点和 C 点的绝对高程。

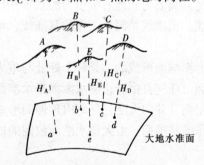

图 0-3　确定地面点位的方法　　　　　图 0-4　地面点的高程

我国的高程是以青岛验潮站历年记录的黄海平均海水面为基准，并在青岛建立了国家水准原点，其高程为 72.260m，称为"1985 年国家高程基准"。

当个别地区引用绝对高程有困难时，可采用假定高程系统，即采用任意假定的水准面为起算高程的基准面。地面点到假定水准面的铅垂距离，称为相对高程。如图 0-4 所示，H'_A 和 H'_C 分别表示 A 点和 C 点的相对高程。

地面两点之间的高程差称为高差。地面点 A 与 C 之间的高差 h_{CA} 为

$$h_{\mathrm{CA}} = H_{\mathrm{A}} - H_{\mathrm{C}} = H'_{\mathrm{A}} - H'_{\mathrm{C}} \qquad\qquad (0\text{-}1)$$

由此可见两点间的高差与高程起算面无关。

（二）地面点在投影面上的坐标

地面点在地球椭球面上的位置一般用地理坐标，即经度（λ）和纬度（ϕ）来表示。地理坐标是球面坐标，不便于直接进行各种测量计算，在工程测量中为了实用方便起见，常采用平面直角坐标系来表示地面点位，下面介绍的是两种常用的平面直角坐标系统。

1. 高斯平面直角坐标系

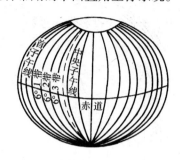

高斯投影的方法是将地球划分成若干带，然后将每带投影到平面上。如图 0-5 所示，投影带是从首子午线（通过英国格林尼治天文台的子午线）起，每经差 6° 划一带（称为 6°带），自西向东将整个地球划分成经差相等的 60 个带。带号从首子午线起自西向东编，用阿拉伯数字 1，2，3，…60 表示。位于各带中央的子午线，称为该带的中央子午线，第一个 6°带的中央子午线的经度为 3°，任意带的中央于午线经度 λ_0 按下式计算：

图 0-5　高斯投影的分带

$$\lambda_0 = 6N - 3 \qquad\qquad (0\text{-}2)$$

式中　N——6°投影带的号数。

为了便于说明，将地球当成圆球。高斯投影是设想用一个平面卷成一个空心横圆柱，套在地球外面，如图 0-6（a）所示，使圆柱的轴心通过圆球的中心，将地球上某 6°带的中央子午线与圆柱面相切。在球面图形与柱面图形保持等角的条件下，将球面上的图形投影到圆柱面上，然后将圆柱体沿着通过南北极的母线切开、展平。投影后如图 0-6（b）所示，中央子午线与赤道成为相互垂直的直线，其他子午线和纬线成为曲线。取中央子午线为坐标纵轴定为 x 轴，取赤道为坐标横轴定为 y 轴，两轴的交点为坐标原点 O，组成高斯平面直角坐标系。在坐标系内，规定 x 轴方向向北为正，y 轴方向向东为正，坐标象限按顺时针编号。

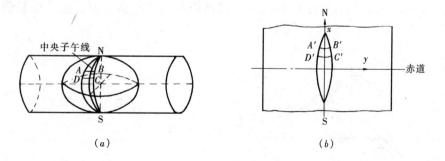

图 0-6　高斯投影

我国位于北半球，x 轴坐标均为正值，y 轴坐标值有正有负。如图 0-7（a）所示，$y_{\mathrm{A}} = +137\,680\mathrm{m}$，$y_{\mathrm{B}} = -274\,240\mathrm{m}$。为避免横坐标出现负值，故规定把坐标纵轴向西平移 500km。坐标纵轴西移后 ［见图 0-7（b）］，$y_{\mathrm{A}} = 500\,000\mathrm{m} + 137\,680\mathrm{m}$，$y_{\mathrm{B}} = 500\,000\mathrm{m} -$

274 240m。为了确定该点所在的带号，规定在横坐标值前冠以带号，如 A、B 均位于 20 带，则其横坐标 $y_A = 20\ 637\ 680m$，$y_B = 20\ 225\ 760m$。

高斯投影中，离中央子午线近的部分变形小，离中央子午线愈远变形愈大，两侧对称。当测绘大比例尺地形图要求投影变形更小时，可采用 3°带投影法。它是从东经 1°30′ 起，每经差 3°划分一带，将整个地球划分为 120 个带（见图 0-8），每带中央子午线经度 λ_0' 可按下式计算：

$$\lambda_0' = 3n \tag{0-3}$$

式中　n——3°投影带的号数。

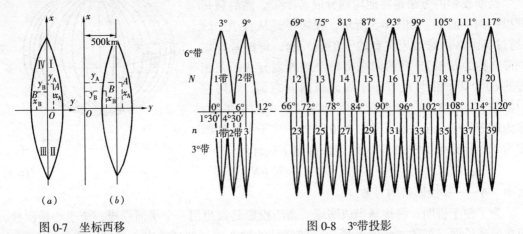

图 0-7　坐标西移　　　　　　　　　图 0-8　3°带投影

2. 独立平面直角坐标系

当测区范围较小时（如半径不大于 10km 的范围），可以把大地水准面当作平面看待，即用测区中心点 a 的切平面来代替曲面（见图 0-9），地面点在投影面上的位置就可以用平面直角坐标来确定。测量工作中采用的平面直角坐标系如图 0-10 所示。规定南北方向为坐标纵轴 x 轴，x 轴向北为正，向南为负；东西方向为坐标横轴 y 轴，y 轴向东为正，向西为负，象限按顺时针方向编号。原点 O 一般选在测区的西南角（见图 0-9），使测区内各点的坐标均为正值。坐标系原点可采用高斯平面直角坐标值，也可以是假定坐标值。

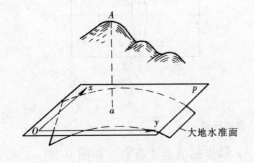

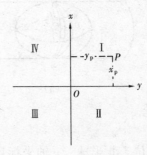

图 0-9　切平面代替曲面　　　　　　图 0-10　独立平面直角坐标系

（三）水平面代替水准面的限度

水准面是一个曲面，曲面上的图形投影到平面上，总会产生一定的变形，当变形不超过测量误差的容许范围时，可以用水平面代替水准面。但是在多大面积范围内才容许这种代替，有必要加以讨论。为叙述方便，假定大地水准面为圆球面。

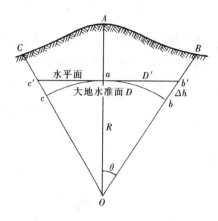

图 0-11　水平面代替水准面的影响

1. 对水平距离的影响

如图 0-11 所示，A、B、C 是地面点，它们在大地水准面上的投影点是 a、b、c，用过 a 点的切平面代替大地水准面后，地面点在水平面上的投影点是 a、b' 和 c'。设 A、B 两点在水准面上的距离为 D，在水平面上的距离为 D'，球面半径为 R，D 所对应的圆心角为 θ，则以水平长度 D' 代替弧长 D 所产生的误差为：

$$\Delta D = D' - D = R\mathrm{tg}\theta - R\theta = R(\mathrm{tg}\theta - \theta) \tag{0-4}$$

将 $\mathrm{tg}\theta$ 用级数展开为：

$$\mathrm{tg}\theta = \theta + \frac{1}{3}\theta^3 + \frac{5}{12}\theta^5 + \cdots$$

因 θ 角很小，只取前两项代入式（0-4）得：

$$\Delta D = R\left(\theta + \frac{1}{3}\theta^3 - \theta\right) = \frac{1}{3}R\theta^3$$

以 $\theta = D/R$ 代入上式，得：

$$\Delta D = \frac{D^3}{3R^2}$$

$$\frac{\Delta D}{D} = \frac{D^2}{3R^2} \tag{0-5}$$

以水平面代替水准面所产生的相对误差　　　　　　　　表 0-1

D（km）	ΔD（cm）	$\Delta D/D$	D（km）	ΔD（cm）	$\Delta D/D$
5	0.1	1:4 870 000	20	6.6	1:304 000
10	0.8	1:1 220 000	50	102.7	1:48 700

取地球半径 $R = 6371\mathrm{km}$，以不同的距离 D 值代入式 5，得到表 0-1 所列的结果。从表 0-1 可以看出，当 $D = 10\mathrm{km}$ 时，以水平面代替水准面所产生的相对误差为 1:1 220 000，这样小的误差，对精密量距来说也是允许的。因此，在半径为 10km 的面积范围内进行距离测量时，可以把水准面当作水平面看待，而不考虑地球曲率对距离的影响。

2. 对高程的影响

在图 0-11 中，地面点 B 的高程应是铅垂距离 bB，用水平面代替水准面后，B 点的高程为 $b'B$，两者之差 Δh 即为对高程的影响，由图 0-11 得：

$$(R + \Delta h)^2 = R^2 + D^2$$

$$\Delta h = \frac{D^2}{2R + \Delta h}$$

前以证明 D' 与 D 相差很小，可用 D 代替 D'，Δh 与 $2R$ 相比可忽略不计，则

$$\Delta h = \frac{D^2}{2R} \qquad (0\text{-}6)$$

用不同的距离代入式（0-6），便得到表 0-2 所列的结果。从表 0-2 可以看出，用水平面代替水准面，对高程的影响是很大的，距离 100m 就有 0.8mm 的高程误差，这是不允许的。因此，进行高程测量时，应考虑地球曲率对高程的影响。

用水平面代替水准面对高程的影响 表 0-2

D（km）	0.05	0.1	0.2	1	10
Δh（mm）	0.2	0.8	3.1	78.5	7850

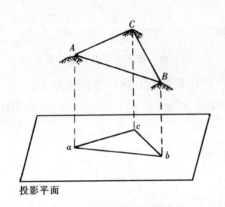

投影平面

图 0-12　测量工作的基本内容

（四）确定地面点位的三个基本要素

在实际测量工作中，一般不能直接测出未知点的坐标和高程，而是通过求得未知点与已知点之间的几何关系，然后再推算出未知点的坐标和高程。

如图 0-12，A、B 为已知坐标和高程的点，C 为待测点，三点在投影平面上的位置分别为 a、b、c。在 $\triangle abc$ 中，只要测出一条未知边和一个角（或两个角或两条未知边），就可以推算出 C 点的坐标。由此可见，测定地面点的坐标主要是测量水平距离和水平角。

欲求 C 点的高程，则要测量出 A、C 或 B、C 之间的高差，然后推算出 C 点的高程。所以测定未知点高程的主要工作是测量高差。

综上所述，高差测量、水平角测量、水平距离测量是测量工作的基本内容。高程、水平角、水平距离是确定地面点位的三个基本要素。

四、测量工作的原则和程序

测量工作的主要目的是确定点的坐标和高程。地球表面的形态复杂多样，但可看成是由许多特征点组成的，在实际测量工作中，如果从一个特征点开始逐点进行施测，虽可得到各点的位置，但由于测量工作中不可避免地存在误差，会导致前一点的误差传递到下一点，这样累积起来，可能会使点位误差达到不可容许的程度。因此，测量工作必须按照一定的原则和程序来进行。

测量工作的原则和程序是"从整体到局部，先控制后碎部"。也就是先在测区内选择一些有控制意义的点（称为控制点），如图 0-13 中的 1、2、3、4、5、6 点，把它们的平面位置和高程精确地测定出来，然后再根据这些控制点测定出附近碎部点（图 0-13 中的 A、B、C、D 等点）的位置。这种测量方法可以减少误差积累，而且可以同时在几个控制点上进行测量，加快工作进度。因此，"从整体到局部，先控制后碎部"是测量工作应遵循的一个原则，而先控制测量，后碎部测量是测量的工作程序。

此外，测量工作必须重视检核，防止发生错误，避免错误的结果对后续测量工作的影响。因此，"前一步工作未做检核不能进行下一步工作"是测量工作应遵循的又一个原则。

6

图 0-13　测量工作的程序

第一章 水准仪及水准测量

第一节 高程测量的概念

测量地面上各点高程的工作，称为高程测量。高程测量是确定地面点位的基本工作，根据所使用的仪器和施测方法不同，分为水准测量、三角高程测量和气压高程测量。水准测量是高程测量中最基本的、精度较高的一种测量方法，在国家高程控制测量、工程勘测和施工测量中被广泛采用。本章将着重介绍水准测量原理、微倾式水准仪的构造和使用、水准测量的施测方法及成果检核和计算等内容。

第二节 水准测量的原理

水准测量的原理是利用水准仪所提供的水平视线，并借助水准尺，来测定地面两点间的高差，从而由已知点的高程推算出未知点的高程。如图 1-1 所示，欲测定 B 点的高程，需先测定 A、B 两点之间的高差 h_{AB}，可在 A、B 两点上分别竖立水准尺，并在 A、B 两点之间安置水准仪。根据仪器的水平视线在 A 点尺上读数为 a，在 B 点尺上的读数为 b，则 A、B 两点间的高差为：

$$h_{AB} = a - b \qquad (1-1)$$

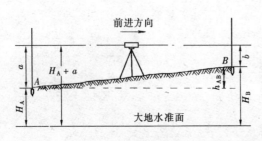

图 1-1　水准测量原理

如果水准测量是由已知点 A 到待测点 B 进行的，如图 1-1 中的箭头所示，A 点为已知高程点，A 点尺上读数 a 称为后视读数；B 点为欲求高程的点，则 B 点尺上读数 b 为前视读数。高差等于后视读数减去前视读数。当 $a > b$，高差为正，则 B 点高于 A 点；反之为负，则 B 点低于 A 点。

若已知 A 点的高程为 H_A，则 B 点的高程为：

$$H_B = H_A + h_{AB} = H_A + (a - b) \qquad (1-2)$$

还可通过仪器的视线高程 H_i 计算 B 点的高程，公式为：

$$\left.\begin{array}{l} H_i = H_A + a \\ H_B = H_i - b \end{array}\right\} \qquad (1-3)$$

式（1-2）是直接利用高差推算高程，称高差法；式（1-3）是利用仪器视线高程推算高程，称视线高法。当安置一次仪器要求测出多个前视点的高程时，视线高法比高差法方便。

第三节　水准仪及水准尺

水准测量所使用的仪器为水准仪，工具为水准尺和尺垫。

水准仪按其精度可分为 DS_{05}、DS_1、DS_3 和 DS_{10} 等四个等级。D、S 分别为"大地测量"和"水准仪"汉语拼音的第一个字母，数字 05、1、3、10 表示该类仪器的精度，即每千米往返测高差中数的偶然中误差，以毫米计。工程测量中广泛使用 DS_3 级水准仪。因此，本章着重介绍这类仪器。

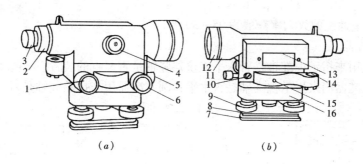

(a)　　　　　　　　　　　(b)

图 1-2　水准仪的构造

1—微倾螺旋；2—分划板护罩；3—目镜；4—物镜调焦螺旋；5—制动螺旋；
6—微动螺旋；7—底版；8—三角压板；9—脚螺旋；10—弹簧帽；11—望远镜；
12—物镜；13—管水准器；14—圆水准器；15—连接小螺钉；16—轴座

一、水准仪的构造（DS_3 级微倾式水准仪）

根据水准测量的原理，水准仪的主要作用是提供一条水平视线，并能照水准尺进行读数。因此，水准仪主要由望远镜、水准器及基座三部分构成。如图 1-2 所示是我国生产的 DS_3 级微倾式水准仪。

（一）望远镜

图 1-3 是 DS_3 级水准仪望远镜的构造图，它主要由物镜 1、目镜 2、调焦透镜 3 和十字丝分划板 4 所组成。

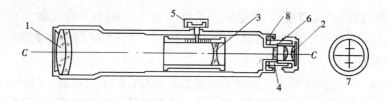

图 1-3　望远镜的构造

1—物镜；2—目镜；3—调焦透镜；4—十字丝分划板；5—物镜调焦螺旋；
6—目镜调焦螺旋；7—十字丝放大像；8—分划板座止头螺钉

物镜和目镜多采用复合透镜组，物镜的作用是和调焦透镜一起将远处的目标在十字丝分划板上形成缩小的实像，目镜的作用是将物镜所成的实像与十字丝一起放大成虚像。

十字丝分划板上刻有两条互相垂直的长线，如图 1-3 中的 7，竖直的一条称竖丝，横

9

的一条长丝称为中丝，是为了瞄准目标和读取读数用的。在中丝的上下还对称地刻有两条与中丝平行的短横线，是用来测定距离的，称为视距丝。十字丝分划板是由平板玻璃圆片制成的，平板玻璃片装在分划板座上，分划板座由止头螺丝 8 固定在望远镜筒上。

十字丝交点与物镜光心的连线，称为视准轴或视线（图 1-3 中的 $C\text{-}C$）。水准测量是在视准轴水平时，用十字丝的中丝截取水准尺上的读数。

从望远镜内所看到的目标影像的视角 β 与肉眼直接观察该目标的视角 α 之比，称为望远镜的放大率。一般用 v 表示：

$$v = \frac{\beta}{\alpha} \tag{1-4}$$

DS3 级水准仪望远镜的放大率一般为 25～30 倍。

（二）水准器

水准器是用来指示视准轴是否水平或仪器竖轴是否竖直的装置。有管水准器和圆水准器两种。管水准器用来指示视准轴是否水平；圆水准器用来指示竖轴是否竖直。

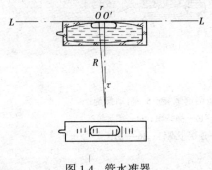

图 1-4　管水准器

1．管水准器

又称水准管，是一纵向内壁磨成圆弧形（圆弧半径一般为 7～20m）的玻璃管，管内装酒精和乙醚的混合液，加热融封，冷却后留有一个气泡（见图 1-4）。由于气泡较液体轻，故恒处于管内最高位置。

水准管上一般刻有间隔为 2mm 的分划线，分划线的对称中点 O 称为水准管零点（见图 1-4）。通过零点作水准管圆弧面的纵切线，称为水准管轴（图 1-4 中 $L\text{-}L$）。当水准管的气泡中点与水准管零点重合时，称为气泡居中，这时水准管轴 LL 处于水平位置，否则水准管轴处于倾斜位置。水准管圆弧 2mm（$O'O = 2\text{mm}$）所对的圆心角 τ，称为水准管分划值。用公式表示为

$$\tau'' = \frac{2}{R}\rho'' \tag{1-5}$$

式中　$\rho'' = 206265''$；

　　　R——水准管圆弧半径（mm）。

公式（1-5）说明圆弧的半径 R 愈大，角值 τ 愈小，则水准管灵敏度愈高。安装在 DS$_3$ 级水准仪上的水准管，其分划值不大于 20″/2mm。由于水准管的灵敏度较高，因而用于仪器的精确整平。

为提高水准管气泡居中精度，微倾式水准仪在水准管的上方安装一组符合棱镜，如图 1-5（a）所示。通过符合棱镜的反射作用，使气泡两端的像反映在望远镜旁的符合气泡观察窗中。若气泡两端的半像吻合时，就表示气泡居中，如图 1-5（b）所示；若气泡的半像错开，则表示气泡不居中，如图 1-5（c）所示。这时，应转动微倾螺旋，使气泡的半像吻合。

2．圆水准器

如图 1-6 所示，圆水准器顶面的内壁是球面，其中有圆分划圈，圆圈的中心为水准器的零点。通过零点的球面法线为圆水准器轴线，当圆水准器气泡居中时，该轴线处于竖直

位置。当气泡不居中时，气泡中心偏移零点2mm，轴线所倾斜的角值，称为圆水准器的分划值，一般为$8' \sim 10'$。由于它的灵敏度较低，故只用于仪器的粗略整平。

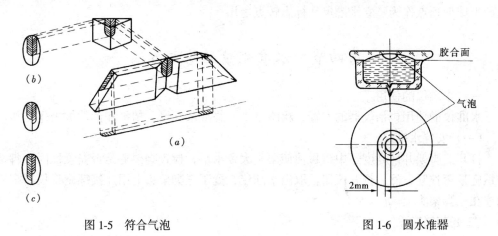

图 1-5 符合气泡   图 1-6 圆水准器

（三）基座

基座的作用是支承仪器的上部并与三脚架连接。它主要由轴座、脚螺旋、底板和三角压板构成（见图1-2）。

二、水准尺和尺垫

水准尺是水准测量时使用的标尺。常用干燥的优质木材、铝合金、玻璃钢等材料制成。常用的水准尺有塔尺和双面尺（见图1-7）两种。

塔尺多用于等外水准测量，其长度有3m和5m两种，用两节或多节套接在一起。尺的底部为零点，尺上黑白格相间，每格宽度为1cm，有的为0.5cm，每1m和1dm处均有注记。

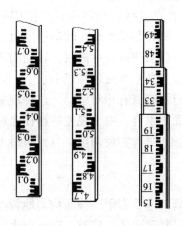

图 1-7 水准尺

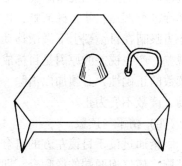

图 1-8 尺垫

双面水准尺多用于三、四等水准测量。其长度有3m，且两根尺为一对。尺的两面均有刻划，一面为红白格相间称红面尺（也称副尺）；另一面为黑白格相间，称黑面尺（也称主尺），两面的格值刻划均为1cm，并在分米处注字。两根尺的黑面均由零开始；而红面，一根尺由4.687m开始至7.687m，另一根由4.787m开始至7.787m。

尺垫是在转点处放置水准尺用的，它用生铁铸成，一般为三角形，中央有一突起的半球体，下方有三个支脚，如图1-8所示。用时将支脚牢固地插入土中，以防下沉，上方突起的半球形顶点作为竖立水准尺和标志转点之用。

第四节 水准测量的基本方法

一、水准仪的使用
水准仪的使用包括仪器的安置、粗略整平、瞄准水准尺、精平和读数等操作步骤。

（一）安置水准仪

打开三脚架并使高度适中，目估使架头大致水平，检查脚架腿是否安置稳固，脚架伸缩螺旋是否拧紧，然后打开仪器箱取出水准仪，置于三脚架头上用连接螺旋将仪器牢固地固连在三脚架头上。

（二）粗略整平

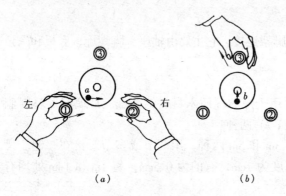

（a）　　　　　　　（b）

图1-9 水准仪的粗平

粗平是借助圆水准器的气泡居中，使仪器竖轴大致铅直，从而视准轴粗略水平。如图1-9（a）所示，气泡未居中而位于 a 处；则先按图上箭头所指的方向用两手相对转动脚螺旋①和②，使气泡移到 b 的位置（见图1-9b）。再转动脚螺旋③，即可使气泡居中。在整平的过程中，气泡的移动方向与左手大拇指运动的方向一致。

（三）瞄准水准尺

首先进行目镜调焦，即把望远镜对着明亮的背景，转动目镜调焦螺旋，使十字丝清晰。再松开制动螺旋，转动望远镜，用望远镜筒上的照门和准星瞄准水准尺，拧紧制动螺旋。然后从望远镜中观察，转动物镜调焦螺旋进行调焦，使目标清晰，再转动微动螺旋，使竖丝对准水准尺边缘或中央。

当眼睛在目镜端上下微微移动时，若发现十字丝与目标影像有相对运动，这种现象称为视差。产生视差的原因是目标成像的平面和十字丝平面不重合。由于视差的存在会影响到读数的正确性，必须加以消除。消除的方法是重新仔细地进行物镜调焦，直到眼睛上下移动，读数不变为止。

（四）精平与读数

眼睛通过位于目镜左方的符合气泡观察窗观察水准管气泡，右手缓慢而均匀地转动微倾螺旋；使气泡两端的像吻合，即表示水准仪的视准轴已精确水平。这时，即可用十字丝的中丝在尺上读数。现在的水准仪多采用倒像望远镜，因此读数时应从小往大，即从上往下读。先估读毫米数，然后报出全部读数。如图1-10所示，读数分别为 0.825m 和 1.273m。但习惯上只念"0825"和"1273"。

精平和读数虽是两项不同的操作步骤，但在水准测量的实施过程中，却把两项操作视为一个整体；即精平后再读数，读数后还要检查管水准气泡是否完全符合。只有这样，才能取得准确的读数。

二、水准测量的实测方法

（一）水准点

为了统一全国的高程系统和满足各种测量的需要，测绘部门在全国各地埋设并测定了很多高程点，这些点称为水准点（Bench Mark），简记为BM。水准测量通常是从水准点引测其他点的高程。水准点有永久性和临时性两种。国家等级水准点如图1-11所示，一般用石料或钢筋混凝土制成，深埋到地面冻结线以下。在标石的顶面设有用不锈钢或其他不易锈蚀的材料制成的半球状标志。有些水准点也可设置在稳定的墙脚上，称为墙上水准点，如图1-12所示。

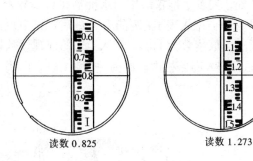

读数 0.825　　　　读数 1.273

图1-10　水准仪的读数

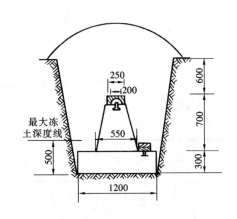

图1-11　国家级埋石水准点

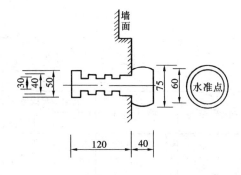

图1-12　墙上水准点

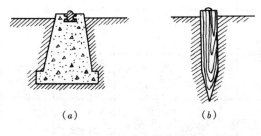

（a）　　　　（b）

图1-13　工地上的水准点

工地上的永久性水准点一般用混凝土或钢筋混凝土制成，其式样如图1-13（a）所示。临时性的水准点可用地面上突出的坚硬岩石或用大木桩打入地下，桩顶钉以半球形铁钉，如图1-13（b）所示。

埋设水准点后，应绘出水准点与附近固定建筑物或其他地物的关系图，在图上还要写明水准点的编号和高程，称为点之记，以便于日后寻找水准点位置之用。水准点编号前通常加BM字样，作为水准点的代号。

（二）水准测量的实施方法

当欲测的高程点距水准点较远或高差较大时，就需要连续多次安置仪器测出两点的高差。如图1-14，水准点A的高程为27.354m，现拟测量B点的高程，其观测步骤如下：在离A点约100m处选定转点1，在A、1两点上分别立水准尺。在距点A和点1等

距离的 *I* 处，安置水准仪。用圆水准器将仪器粗略整平后，后视 *A* 点上的水准尺，精平后读数得 1467，记入表 1-1 观测点 *A* 的后视读数栏内。旋转望远镜，瞄准前视点 1 上的水准尺，同法读取读数为 1124，记入点 1 的前视读数栏内。后视读数减去前视读数得到高差为 +0.343，记入高差栏内。此为一个测站上的工作。

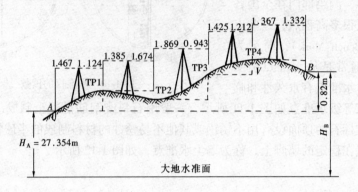

图 1-14　水准测量的实施

水 准 测 量 手 簿

表 1-1

日期_____仪器_____观测
天气_____地点_____记录

测　站	测　点	水准尺读数（m）		高差（m）		高　程（m）	备　注
		后视（*a*）	前视（*b*）	＋	－		
Ⅰ	BM *A*	1.467		0.343		27.354	
	TP1		1.124				
Ⅱ	TP1	1.385			0.289		
	TP2		1.674				
Ⅲ	TP2	1.869		0.926			
	TP3		0.943				
Ⅳ	TP3	1.425		0.213			
	TP4		1.212				
Ⅴ	TP4	1.367			0.365		
	B		1.732			28.182	
计算检核		$\sum a = 7.513$ －6.685	$\sum b = 6.685$	$\sum +1.482$ －0.654	$\sum -0.654$	28.182 －27.354	
		+0.828		$\sum h = +0.828$		+0.828	

点 1 上的水准尺不动，把 *A* 点上的水准尺移到点 2，仪器安置在点 1 和点 2 之间，同法进行观测和计算，依次测到 *B* 点。

显然，每安置一次仪器，便可测得一个高差，即

$$h_1 = a_1 - b_1$$
$$h_2 = a_2 - b_2$$
$$\cdots$$
$$h_5 = a_5 - b_5$$

将各式相加，得：

$$\Sigma h = \Sigma a - \Sigma b$$

则 B 点的高程为：

$$H_B = H_A + \Sigma h \qquad\qquad (1\text{-}6)$$

由上述可知，在观测过程中，点 1、2、3、4 仅起传递高程的作用，这些点称为转点（Turning Point），常用 TP 表示。

第五节　水准测量的校核及精度要求

一、水准测量的校核

（一）测站校核

如前所述，B 点的高程是根据 A 点的已知高程和转点之间的高差计算出来的。若其中测错任何一个高差，B 点高程就不会正确。因此，对每一站的高差，都必须采取措施进行校核测量。这种校核称为测站校核。测站校核通常采用变动仪器高法或双面尺法。

（1）变动仪器高法：是在同一个测站上用两次不同高度的仪器，测得两次高差以相互比较进行校核。即测得第一次高差后，改变仪器高度（应大丁 10cm）重新安置，再测一次高差。两次所测高差之差不超过容许值（例如等外水准容许值为 ±6mm），则认为符合要求，取其平均值作为最后结果（记录、计算列于表 1-2 中），否则必须重测。

（2）双面尺法：是仪器的高度不变，而立在前视点和后视点上的水准尺分别用黑面和红面各进行一次读数，测得两次高差，相互进行校核。两次高差之差的容许值与变动仪器高法相同。

（二）计算校核

由式（1-6）看出，B 点对 A 点的高差等于各转点之间高差的代数和，也等于后视读数之和减去前视读数之和，还等于终点 B 的高程减去起点 A 的高程。因此，可用来作为计算的校核。如表 1-2 中：

$$(\Sigma a - \Sigma b)/2\text{m} = -0.017\text{m}$$

$$\Sigma h/2\text{m} = -0.017\text{m}$$

$$H_B - H_A = \Sigma h = -0.017\text{m}$$

这说明高差计算是正确的。

计算校核只能检查计算是否正确，并不能检核观测和记录时是否产生错误。

（三）成果校核

测站校核只能检核一个测站上是否存在错误或误差超限。对于一条水准路线来说，由于温度、风力、大气折光、尺垫下沉和仪器下沉等外界条件引起的误差，尺子倾斜和估读的误差以及水准仪本身的误差等，虽然在一个测站上反映不很明显，但随着测站数的增多使误差积累，有时也会超过规定的限差。因此，还必须进行整个水准路线的成果校核，以保证测量资料满足使用要求。其校核方法有如下几种：

1. 附合水准路线

如图 1-15 所示，从一已知高程的水准点 BM7 出发，沿各个待定高程的点 1，2，…，5 进行水准测量，最后附合到另一水准点 BM8 上，这种水准路线称为附合水准路线。

路线中各待定高程点间高差的代数和，应等于两个水准点间已知高差，即：

$$\Sigma h_{理} = H_{终} - H_{始} \tag{1-7}$$

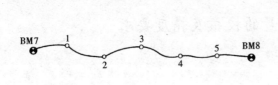

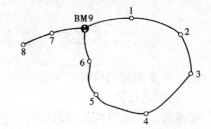

图 1-15　附合水准路线　　　　　图 1-16　闭和水准路线和支水准路线

如果不相等，两者之差称为高差闭合差 f_h，

$$f_h = \Sigma h_{测} - (H_{终} - H_{始}) \tag{1-8}$$

其值不应超过容许范围，否则，就不符合要求，须进行重测。

2. 闭合水准路线

如图 1-16 所示，由一已知高程的水准点 BM9 出发，沿环线至待定高程点 1，2，…，6 进行水准测量，最后回到原水准点 BM9 上，称为闭合水准路线。显然，路线上各点之间高差的代数和应等于零，即：

$$\Sigma h_{理} = 0 \tag{1-9}$$

如果不等于零，便产生高差闭合差 f_h：

$$f_h = \Sigma h_{测} \tag{1-10}$$

其大小不应超过容许值。

3. 支水准路线

如图 1-16 所示，由一个已知高程的水准点 BM9 出发，沿待定点 7 和 8 进行水准测量，既不附合到另外已知高程的水准点上，也不回到原来的水准点上，称为支水准路线。支水准路线应进行往返观测，往测高差与返测高差的代数和理论上应为零，如不等于零，则高差闭合差为：

$$f_h = \Sigma h_{往} + \Sigma h_{返} \tag{1-11}$$

水准测量手簿如表 1-2 所示。

水 准 测 量 手 簿

表 1-2

日期_____ 仪器型号_____ 观测_____

天气_____ 地　点_____ 记录_____

测　站	测　点	后视读数（mm）	前视读数（mm）	高差（m）	平均高差（m）	高程（m）	备　注
1	BM A	2.515 2.364				15.352	
	TP1		0.964 0.811	1.551 1.553	1.552		
2	TP1	1.563 1.678					
	TP2		1.387 1.506	0.176 0.172	0.174		
3	TP2	1.350 1.200					
	1		2.100 1.956	−0.750 −0.756	−0.753		
4	1	0.932 1.103				16.325	
	TP3		2.024 2.197	−1.092 −1.094	−1.093		
5	TP3	0.876 0.982					
	BM A		0.772 0.880	0.104 0.102	0.103	15.335	
计算 校核	Σ	14.563	14.597	−0.034	−0.017	−0.017	
		$(\Sigma a - \Sigma b)/2 = -0.017$		$\Sigma h/2 = -0.017$			

二、水准测量的精度要求及成果计算

进行水准测量成果计算时，要先检查野外观测手簿，再计算各点间的高差，经检核无误，则根据野外观测高差计算高差闭合差，若闭合差符合规定的精度要求，则调整闭合差，最后计算各点的高程。以上工作，称为水准测量的内业。

（一）水准测量的精度要求

不同等级的水准测量对高差闭合差有不同的规定，等外水准测量的高差闭合差容许值，规定为：

$$\left.\begin{array}{l}平地：f_{h容} = \pm 40\sqrt{L}\\ 山地：f_{h容} = \pm 12\sqrt{n}\end{array}\right\} \tag{1-12}$$

式中　L——水准路线长度（km）；

　　　n——测站数。

（二）附合水准路线成果的计算

如图 1-17 所示，A、B 为两个水准点。A 点高程为 56.345m，B 点高程为 59.039m。各测段的高差、测站数、距离如图 1-17 所示。计算步骤如下（参见表 1-3）：

1.高差闭合差的计算

$$f_h = \Sigma h - (H_B - H_A) = [2.741 - (59.039 - 56.345)]m = +0.047m$$

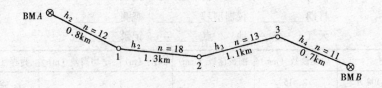

图 1-17 附和水准路线

设为山地，故 $\qquad f_{h容} = \pm 12 \sqrt{n}\,\text{mm} = \pm 12 \sqrt{54}\,\text{mm} = \pm 88\,\text{mm}$

$|f_h| \leqslant |f_{h容}|$，其精度符合要求。

2. 闭合差的调整

在同一条水准路线上，假设观测条件是相同的，可认为各测站产生的误差机会是相同的，故闭合差的调整原则和方法，是按与测站数（或测段距离）成正比例、反符号改正到各相应测段的实测高差上，得改正后高差。计算公式如下：

$$\left.\begin{array}{ll} \text{按距离} & v_i = -\dfrac{f_h}{\Sigma l}l_i \\[4mm] \text{按测站数} & v_i = -\dfrac{f_h}{\Sigma n}n_i \end{array}\right\} \qquad (1\text{-}13)$$

改正后高差： $\qquad\qquad h_{i改} = h_{i测} + v_i \qquad\qquad (1\text{-}14)$

式中　v_i、$h_{i改}$——第 i 测段的高差改正数与改正后高差（mm）；

$\qquad \Sigma l$、Σn——路线总长度与总测站数；

$\qquad n_i$、l_i——第 i 测段的测站数与测段长度（m）。

本例中，测站数 $n = 54$，故每一站的高差改正数为：

$$\frac{f_h}{n} = -\frac{47}{54}\,\text{mm} = -0.87\,\text{mm}$$

各测段的改正数，按测站数计算，分别列入表 1-3 中。改正数总和的绝对值应与闭合差的绝对值相等。各实测高差分别加改正数后，便得到改正后的高差。最后求改正后的高差代数和，其值应与 A、B 两点的高差相等，否则，说明计算有误。

附和水准测量成果计算表　　　　　　　　　　表 1-3

测段编号	点　名	距离 L(km)	测 站 数	实测高差(m)	改正数(m)	改正后的高差(m)	高程(m)	备注
1	2	3	4	5	6	7	8	9
1	A	0.8	12	+2.785	-0.010	+2.775	56.345	
2	1	1.3	18	-4.369	-0.016	-4.385	59.120	
3	2	1.1	13	+1.980	-0.011	+1.969	54.735	
4	3	0.7	11	+2.345	-0.010	+2.335	56.704	
Σ	B	3.9	54	+2.741	-0.047	+2.694	59.039	
辅助计算	$f_h = +47\,\text{mm}$　　$n = 54$　　$-f_h/n = -0.87\,\text{mm}$ $f_{h容} = \pm 12\sqrt{54}\,\text{mm} = \pm 88\,\text{mm}$							

3. 高程的计算

根据检核过的改正后高差，由起始点 A 开始，逐点推算出各点的高程。最后算得的 B 点高程应与已知 B 点的高程相等，否则说明高程计算有误。

（三）闭合水准路线成果计算

闭合水准路线各段高差的代数和应等于零，由于存在着测量误差，必然产生高差闭合差：

$$f_h = \Sigma h_{测}$$

闭合水准路线高差闭合差的调整方法、容许值的计算、高程的计算，均与附和水准路线相同。

（四）支水准路线成果计算

对于支水准路线，高差闭合差等于往返测高差的代数和，经检核符合精度要求后，取往测和返测高差绝对值的平均值作为改正后高差，其符号与往测高差符号相同，最后推算出待测点的高程 h。

$$h = \frac{|h_{往}| + |h_{返}|}{2}$$

第六节　水准测量的误差及注意事项

水准测量误差包括仪器误差、观测误差和外界条件的影响三个方面。在水准测量作业中，应根据误差产生的不同原因，采取相应的措施，尽量减少或消除误差的影响。

一、仪器误差

（一）仪器校正后的残余误差

仪器虽经校正但仍然残存少量误差，如水准管轴与视准轴不平行等系统性误差。这种误差的影响与距离成正比，只要观测时注意使前、后视距离相等，便可消除或减弱此项误差的影响。

（二）水准尺误差

由于水准尺刻划不准确，尺长变化、尺身弯曲和零底面磨损等，都会影响水准测量的精度。因此，水准尺须经过检定才能使用，至于水准尺的零点差，可在一水准测段中使测站为偶数的方法予以消除。

二、观测误差

（一）水准管气泡居中误差

水准测量时，视线的水平是根据水准管气泡居中来实现的。由于气泡居中存在误差，致使视线偏离水平位置，从而带来读数误差。减少此误差的方法是每次读数前使气泡严格居中。

（二）读数误差

在水准尺上估读毫米数的误差，与人眼的分辨能力、望远镜的放大倍率以及视线长度有关，通常按下式计算：

$$m_V = \frac{60'}{V} \times \frac{D}{\rho''} \tag{1-15}$$

式中　V——望远镜的放大倍率；

　　$60''$——人眼的极限分辨能力；

　　D——水准仪到水准尺的距离（m）；

$\rho'' = 206265''$。

上式说明，读数误差与视线长度成正比，因此，在水准测量中应遵循不同等级的水准测量对视线长度的规定，以保证精度。

（三）视差

当存在视差时，十字丝平面与水准尺影像不重合，若眼睛观察的位置不同，便读出不同的读数，因而会产生读数误差。观测时应仔细调焦，严格消除视差。

（四）水准尺倾斜误差

水准尺倾斜将使尺上读数增大，如水准尺倾斜 $3°30'$，在水准尺上 1m 处读数时，将会产生 2mm 的误差；若读数大于 1m，误差将超过 2mm。因此，观测时，立尺手应尽量使水准尺竖直，高精度水准测量时，应使用带有水准气泡的水准尺。

三、外界条件的影响

（一）仪器下沉

当仪器安置在土质松软的地面时，由于仪器下沉，使视线降低，从而引起高差误差。此时应采用"后、前、前、后"的观测程序，以减弱其影响。

（二）尺垫下沉

如果转点选在土质松软的地面，由于水准尺和尺垫自身的重量，会发生尺垫下沉，将使下一站后视读数增大，从而引起高差误差。采用往返观测的方法，取成果的中间数值。可以减弱其影响。

（三）地球曲率及大气折光影响

如图 1-18 所示，用水平视线代替大地水准面在尺上读数产生的误差为 c，即

$$c = \frac{D^2}{2R} \qquad (1\text{-}16)$$

式中　D——仪器到水准尺的距离（m）；

　　R——地球的平均半径，取 6371km。

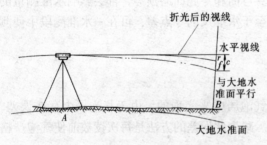

图 1-18　地球曲率及大地折光的影响

实际上，由于大气折光，视线并非是水平的，而是一条曲线，曲线的半径约为地球半径的 6 ~ 7 倍，其折光量的大小对水准尺读数产生的影响为：

$$r = \frac{D^2}{2 \times 7R} \qquad (1\text{-}17)$$

折光影响与地球曲率影响之和为：

$$f = c - r = \frac{D^2}{2R} - \frac{D^2}{14R} = 0.43\frac{D^2}{R} \qquad (1\text{-}18)$$

如果使前后视距离 D 相等，由公式（1-18）计算的 f 值则相等，地球曲率和大气折光的影响将得到消除或大大减弱。

（四）温度影响

温度的变化不仅引起大气折光的变化，而且当烈日照射水准管时，水准管本身和管内液体温度升高，气泡向着温度高的方向移动，从而影响仪器水平，产生气泡居中误差。因此观测时应注意撑伞遮阳，防止阳光直接照射仪器。

第七节 其他水准仪简介

一、DS$_1$ 级精密水准仪

DS$_1$ 级精密水准仪主要用于国家一、二等水准测量和高精度的工程测量中，如大型建筑物的施工，以及建筑物的沉降观测、大型设备安装等测量工作。

DS$_1$ 级精密水准仪的构造与 DS$_3$ 级水准仪基本相同，也是由望远镜、水准器和基座三部分组成，如图 1-19 所示。

DS$_1$ 级精密水准仪的主要特征是：望远镜光学性能好，即望远镜的照准精度高、亮度大，望远镜的放大率不

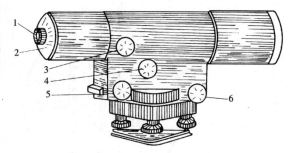

图 1-19　DS$_1$ 级精密水准仪

1—目镜；2—测微尺读数目镜；3—物镜调焦螺旋；
4—测微轮；5—微倾螺旋；6—微动螺旋

小于 40 倍；符合水准器的灵敏度高，水准管分划值不大于 10″/2mm；装有能直读 0.1mm 的光学测微器，并配有一付温度膨胀系数很小的精密水准尺。此外，为了使仪器架设坚固稳定，脚架不采用伸缩式。

DS$_1$ 级精密水准仪的光学测微器是由平行玻璃板、测微尺、传动杆、测微轮等部件组成。图 1-20 是其工作原理示意图，平行玻璃板 P 装在望远镜物镜前，其旋转轴 A 与平行玻璃板的两个平面相平行，并与望远镜的视准轴正交。平行玻璃板通过传动杆与测微尺相连。测微尺上有 100 个分格，它与标尺上 1 个分格（1cm 或 0.5cm）相对应，所以测微时能直接读到 0.1mm（或 0.05mm）。当转动测微螺旋时，传动杆推动平行玻璃板前后倾斜，视线通过平行玻璃板产生平行移动，移动的数值可由测微尺直接读出。

如图 1-20 所示是国产 DS$_1$ 水准仪的光学测微器，其光学测微器最小读数为 0.05mm。

如图 1-21 所示是与 DS$_1$ 精密水准仪配套使用的精密水准尺。该尺全长 3m，在木质尺身中间的槽内，装有膨胀系数极小的铟瓦合金带，带的下端固定，上端用弹簧拉紧，以保证带的平直和不受尺身长度变化的影响。铟瓦合金带分左、右两排分划，每排的最小分划值均为 l0mm，彼此错开 5mm，于是把两排的分划合在一起便成为左、右交替形式的分划，分划值为 5mm。合金带的右边从 0～5 注记米数，左边注记分米数，大三角形标志对准分米分划线、小三角形标志对准 5cm 分划线。注记的数值为实际长度的 2 倍，即水准尺上的实际长度等于尺面读数的 1/2。所以，用此水准尺进行测量作业时，须将观测高差除以 2 才是实际高差。

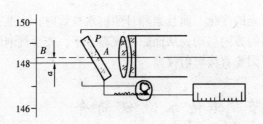

图 1-20 光学测微器

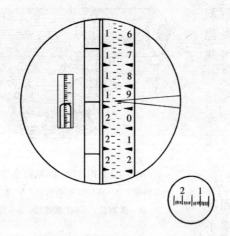

图 1-22 读数

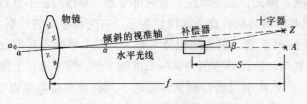

图 1-21 精密水准尺

精密水准仪的使用方法与一般 DS₃ 水准仪基本相同,不同之处是精密水准仪是采用光学测微器测出不足一个分格的数值。作业时,先转动微倾螺旋,使望远镜视场左侧的符合水准管气泡两端的影像精确符合(见图 1-22),这时视线水平。再转动测微轮,使十字丝上楔形丝精确地夹住整分划,读取该分划线读数,在图 1-22 中为 1.97m,再从目镜右下方的测微尺读数窗内读取测微尺读数,图中为 1.50mm。水准尺的全读数等于楔形丝所夹分划线的读数与测微尺读数之和,即 1.97150m。实际读数为全部读数的一半,即 0.98575m。

二、自动安平水准仪

自动安平水准仪不用符合水准器和微倾螺旋,只用圆水准器进行粗平,然后借助自动补偿器自动地把视准轴置平,读出视线水平时的读数。如图 1-23 所示,当圆水准器气泡居中后,虽然视准轴仍存在一个倾角 α(一般倾斜度不大),但通过物镜光心的水平光线经补偿器后仍能通过十字丝交点,这样十字丝交点上读得的便是视线水平时应该得到的读数。因此,使用自动安平水准仪可以大大缩短水准测量的工作时间。同时,由于水准仪整置不当,地面有微小的震动或脚架的不规则下沉等原因使视线不水平,也可以由补偿器迅速调整而得到正确的读数,从而提高了水准测量的精度。

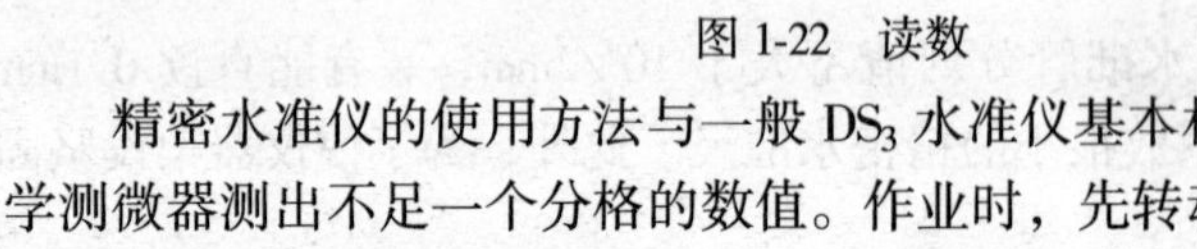

图 1-23 自动安平水准仪光路图

如图 1-24 所示是国产 DS3Z 型自

动安平水准仪的外形，图1-25为其剖面结构示意图。该仪器的补偿器安装在调焦透镜和十字丝分划板之间，它的构造是在望远镜筒内装有固定屋脊透镜，两个直角棱镜则用交叉的金属丝吊在屋脊棱镜架上。当望远镜倾斜时，直角棱镜在重力作用下，与望远镜作相反的偏转，并借助阻尼器的作用很快地静止下来。

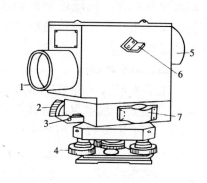

图1-24　自动安平水准仪

1—物镜；2—水平微动螺旋；3—制动螺旋；
4—脚螺旋；5—目镜；6—反光镜；
7—圆水准器

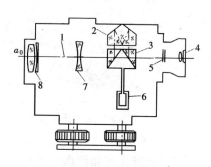

图1-25　自动安平水准仪剖面图

1—水平光线；2—固定屋脊棱镜；3—悬吊直
角棱镜；4—目镜；5—十字丝分划板；
6—空气阻尼器；7—调焦透镜；8—物镜

补偿原理如图1-26所示。当视准轴倾斜 α，设直角棱镜也随之倾斜（图中虚线位置），水平光线进入直角棱镜后。在补偿器中沿虚线行进，因未经补偿，所以不通过十字丝中心 Z 而通过 A。实际上直角棱镜在重力作用下并不产生倾斜，而处于图中实线位置，水平光线进入补偿器后，则沿着实线所示方向行进，最后偏离虚线 β 角，从而使水平光线恰好通过十字丝中心 Z，达到补偿的目的。

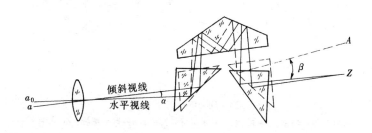

图1-26　自动补偿原理

三、激光水准仪

激光是基于物质受激辐射原理所产生的一种新型光源。与普通光源相比较，它具有亮度高、方向性强、单色性好等特点。例如由氦—氖激光器发射的波长为 $0.6328\mu m$ 的红光，其发射角可达毫弧度（1毫弧度 = $3'26''$）。经望远镜发射后发射角又可减小数十倍，从而形成一条连续可见的红色光束。

激光水准仪是将氦—氖气体激光器发出的激光导入水准仪的望远镜内，使在视准轴方向能射出一束可见红色激光的水准仪。

如图1-27所示为国产激光水准仪，它是用两组螺钉将激光器固定在护罩内，护罩与望远镜相连，并随望远镜绕竖轴旋转。由激光器发出的激光，在棱镜和透镜的作用下与视

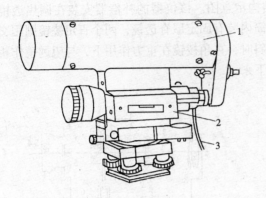

图 1-27　激光水准仪

1—激光器；2—水准仪；3—电缆

准轴共轴，因而既保持了水准仪的性能，又有可见的红色激光，是高层建筑整体滑模提升中保证平台水平的主要仪器。若能在水准尺上装配一个跟踪光电接收靶，则既可作激光水准测量，又可用于大型建筑场地平整的水平面测设。

四、电子水准仪

电子水准仪又称数字水准仪，它是在自动安平水准仪的基础上发展起来的。电子水准仪采用条码标尺，各厂家标尺的条码图案不相同，不能互换使用。目前照准标尺和调焦仍需人工目视进行。人工完成照准和调焦之后，标尺条码一方面被成像在望远镜分划板上，供目视观测，另一方面通过望远镜的分光镜，标尺条码又被成像在光电传感器（又称探测器）上，即线阵 CCD 器件上，供电子读数。

当前电子水准仪采用了原理上相关较大的三种自动电子读数方法：相关法（莱卡 NA3002/3003），几何法（蔡司 DiNi10/20），相位法（拓普康 DL-101C/1 02C）。图 1-28 是 DL-100C 电子水准仪的外部结构图，图 1-29 是其望远镜光路图。

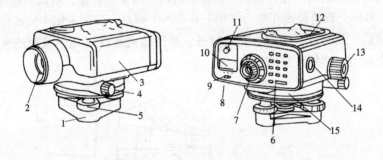

图 1-28　DL-100C 电子水准仪

1—基座；2—物镜；3—电池；4—水平旋转螺旋；5—整平螺旋；6—操作键；
7—望远镜目镜；8—圆气泡调整螺钉；9—开关键；10—显示窗；11—圆气泡；
12—提手；13—望远镜调焦钮；14—测量钮；15—串行接口

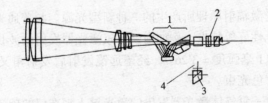

图 1-29　DL-100C 电子水准仪望远镜光路图

1—补偿器；2—分划板；3—分光镜；4—至线阵 CCD

1.设 A 点为后视点，B 点为前视点，A 点高程为 87.425m。当后视读数为 1.124m，前视读数为 1.428m 时，问 A、B 两点的高差是多少？B 点比 A 点高还是低？B 点高程是多少？并绘图说明。

2.何谓视准轴？何谓视差？产生视差的原因是什么？怎样消除视差？

3.圆水准器和管水准器在水准测量中各起什么作用？

4.何谓水准点？何谓转点？转点在水准测量中起什么作用？

5.水准测量时，前、后视距离相等可消除哪些误差？

6.将图 1-30 中水准测量观测数据填入表 1-4 中，计算出各点的高差及 B 点的高程，并进行计算校核。

水准测量观测数据表　　　　　　　　　　　　　　　　　　　　表 1-4

测　站	点　号	后视读数（m）	前视读数（m）	高差（m）		高程（m）	备　注
				+	−		
Ⅰ	BMA						
	TP1						
Ⅱ							
	TP2						
Ⅲ							
	TP3						
Ⅳ							
	TP4						
Ⅴ							
	B						
计算检核							

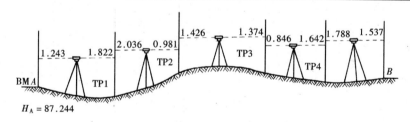

图 1-30　水准测量观测数据

7.调整表 1-5 中附合水准路线等外水准测量观测成果，并求出各点高程。

8.调整图 1-31 所示的闭合水准路线的观测成果，并求出各点的高程。

9.如图 1-32 所示为支水准路线。设已知水准点 A 的高程为 48.305m，由 A 点往测至 1 点的高差为 −2.456m，由 1 点返测至 A 点的高差为 +2.478m。A、1 两点间的水准路线长度约 1.6km，试计算高差闭合差，高差容许闭合差及 1 点的高程。

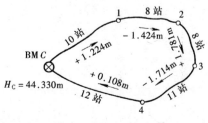

图 1-31　闭合水准线路

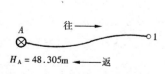

图 1-32　支水准线路

25

水准测量观测成果表　　　　　　　　　　　　表 1-5

测　段	测　点	测站数	实测高差（m）	改正数（mm）	改正后高差（m）	高程（m）	备　　注
A-1	BMA	7	+ 4.363			57.967	
1-2	1	3	+ 2.413				
2-3	2	4	− 3.121				
3-4	3	5	+ 1.263				
4-5	4	6	+ 2.716				
5-B	5	8	3.715				
	BMB					61.819	
辅助计算							

第二章　经纬仪与角度测量

角度测量是确定地面点位的三项基本工作之一。角度测量工作包括如下内容：

（1）水平角测量：用以间接确定地面点位的平面位置；

（2）竖直角测量：用以间接确定地面点位的高程。

常规的测角仪器是经纬仪，它主要用来测量水平角和竖直角，也可以辅助测定测站点到目标点间的距离和高差。在暖通工程测量中，常用的经纬仪有 DJ$_6$ 型和 DJ$_2$ 型光学经纬仪。本章主要介绍水平角和竖直角的测量原理、DJ$_6$ 型光学经纬仪的构造和使用等有关内容。

第一节　角度测量的原理

一、水平角测量原理

水平角是指地面上某点到另两目标的方向线垂直投影在水平面上的夹角，用 β 表示，其范围在 0°～360°之间。如图 2-1 所示，地面上不在同一竖直面内的三点 A、B、C，构成直线 BA 和 BC，其所夹的角（空间角）在水平面 H 上的垂直投影，即为水平角 β。当 A、B、C 三点位于同一高度时，该空间角即为水平角，否则该空间角大于水平角。当三点位于同一竖直面内时，其在竖直面内的投影为重合的同一直线，水平角为零。由此可见，地面上某点到另两目标的方向线垂直投影在水平面上的水平角就是通过该两方向线所作的竖直面间的二面角。因此，在两竖直面的交线 BB′ 上任一点处均可测出该水平角。为了测出该水平角的大小，可以设想在两竖直面的交线上任选一点 b 处，水平地放置一个按顺时针方向刻划的圆形度盘，使其圆心与 b 重合。过直线 BA、BC 的竖直面与圆盘的交线，在圆盘上的读数分别为

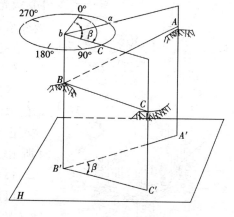

图 2-1　水平角测角原理

a、c，于是地面上 BA、BC 两方向之间的水平角可由下式求得：

$$\beta = c - a \tag{2-1}$$

二、竖直角测量原理

竖直角是指在同一个竖直面内，视线和水平线之间的夹角，又称倾角。视线上仰时，称为仰角，视线下倾时称为俯角，测量中规定：仰角为正，俯角为负，因此竖直角的范围在 0°～±90°之间，如图 2-2 所示。OO₁ 为水平线，当倾斜视线位于水平线之上时，竖直角为仰角，其角值为"＋"（图中仰角为 ＋18°40′40″）；当倾斜视线位于水平线之下时，竖直

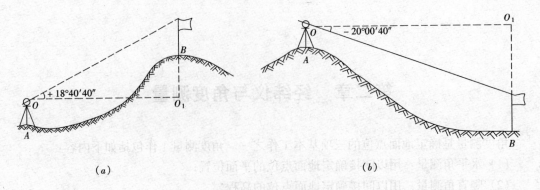

图 2-2　竖直角测角原理

角为俯角, 其角值为 "–"（图中俯角为 –20°00′40″）。

竖直角与水平角一样, 其角值也是度盘上两方向读数之差, 所不同的是该两方向中有一固定方向, 即水平线方向。因此, 欲测得某视线的竖直角, 需要在该视线所在的竖直面内安置一有刻划的圆形度盘, 只要读出该视线在圆形度盘上的读数, 并与水平线所在位置的读数求其差值即可。

第二节　经纬仪的构造

光学经纬仪因其精度高、体积小、重量轻、密封性能良好等优点, 而被广泛应用。在普通测量中, 最常用的是 DJ_6 级和 DJ_2 级光学经纬仪。DJ_6 级光学经纬仪及其各部件名称如图 2-3 所示。本节主要介绍 DJ_6 型光学经纬仪的构造。

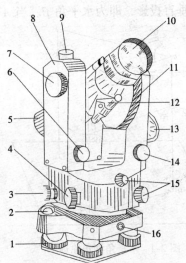

图 2-3　DJ_6 级光学经纬仪

1—脚螺旋；2—圆水准器；3—照准部制动螺旋；4—照准部微动螺旋；5—望远目镜；6—望远镜微动螺旋；7—测微轮；8—支座侧臂；9—望远镜制动螺旋；10—望远镜物镜；11—竖盘；12—瞄准器；13—反光镜；14—竖盘指标水准管微动螺旋；15—光学对中器复测扳手；16—轴座连接螺钉

一、DJ_6 型光学经纬仪

（一）基本构造

各种型号的光学经纬仪, 由于生产厂家的不同, 仪器的部件和结构不尽相同, 但是基本构造则大致相同, 主要由照准部、水平度盘、基座三大部分组成, 如图 2-4 所示。现将各部件名称和作用分述如下。

1. 照准部

（1）望远镜——构造与水准仪望远镜相同, 它与横轴（又称水平轴）固连在一起, 当望远镜绕横轴旋转时, 视线的轨迹面应是一个垂直于横轴的竖直面。

（2）望远镜物镜调焦筒——用来物镜调焦, 使物像清晰。

（3）望远镜目镜调焦筒——用来目镜调焦, 使十字丝板清晰。

（4）瞄准器——粗略照准目标, 使目标位于视场中, 便于准确照准目标。

（5）望远镜制动螺旋——又称竖直制动螺旋, 用来控制望远镜在竖直方向上的转动。

(6) 望远镜微动螺旋——又称竖直微动螺旋,当望远镜制动螺旋拧紧后,可利用此螺旋使望远镜在竖直方向上作微小转动,以便在竖直方向上精确对准目标。

(7) 照准部制动螺旋——控制望远镜在水平方向的转动,又称水平制动螺旋。

(8) 照准部微动螺旋——当照准部制动螺旋拧紧后,可利用此螺旋使望远镜在水平方向上作微小转动,以便在水平方向上精确对准目标,又称水平微动螺旋。

(9) 照准部水准管——用来精确整平仪器,以保证在仪器使用过程中水平度盘处于水平位置以及仪器竖轴处于铅垂位置。

(10) 经纬仪的水准管同水准仪的管状水准管一样,是由一长形金属盒内装有机玻璃组成。有机玻璃管内壁被研磨成圆弧形,其圆弧半径一般为 7~20m,水准管上刻有间隔为 2mm 的分划线,分划线的中点为水准管的零点,通过该零点的切线称为水准管轴。当水准管气泡居中时,水准管轴处于水平位置。该水准器的精度较高,用于整平水平度盘。

(11) 光学对中器——一组直角光路,用于仪器对中,使地面点与仪器中心重合。

(12) 支架和横轴——支架用来支承横轴,横轴即望远镜的转动轴,又称水平轴。

(13) 竖直度盘——是光学玻璃制成的带刻划的圆形度盘,它竖直地固定在横轴的一端,其圆心在横轴上,位置固定,随望远镜在竖直方向绕横轴转动而转动,用来测量目标的竖直角。

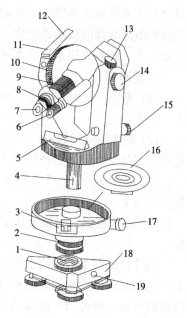

图 2-4　DJ$_6$级光学经纬仪结构

1—轴套筒；2—凹槽；3—复测扳手；4—内轴；5—水准管；6—读数显微镜；7—望远镜目镜；8—显微镜调焦螺筒；9—物镜调焦筒；10—竖盘；11—竖盘指标水准管；12—反光镜；13—望远镜制动螺旋；14—测微轮；15—望远镜微动螺旋；16—水平度盘；17—照准部微动螺旋；18—三角盘座；19—轴座连接螺丝钉

(14) 竖盘指标水准管——位于望远镜一侧支架的上部,形状同照准部水准管,但外形略小,竖盘读数指标位于仪器支架的侧壁内,该水准管轴与竖盘读数指标成垂直位置。

(15) 竖盘指标水准管微动螺旋——用来调节竖盘指标水准管气泡居中,使竖盘读数处于铅垂位置。

(16) 读数显微镜——用来读取水平度盘和竖直度盘读数。

(17) 读数显微镜调焦螺旋——用来读数,显微镜目镜调焦,使读数窗清晰。

(18) 反光镜——用于照亮读数窗。

有些经纬仪还带有测微轮,换像手轮等部件。

2. 水平度盘部分

(1) 水平度盘——用光学玻璃制成的圆形盘,其上刻有 0°~360°顺时针注记的分划线,用来度量水平角。

(2) 度盘变换手轮或复测扳手——有的经纬仪用度盘变换手轮控制水平度盘的旋转,能使水平度盘的零位置转到所需的任一位置,该装置位于基座下方。另有些经纬仪是用复测扳手来控制水平度盘的转动，扳上复测扳手，照准部旋转时，水平度盘不动，指标所指读数随照准部的转动而变化；扳下复测扳手，照准部旋转时，水平度盘随着一起转动，读数不变。此装置用来完成水平度盘的归零或度盘起始读数的变换。

3. 基座部分

(1) 基座——呈三角形，用来支承整个仪器，并借助中心连接螺旋使经纬仪与脚架结合。

(2) 轴座固定螺钉——用来连接基座和照准部，使用仪器时，此螺钉一定要拧紧，以免照准部与基座分离而使仪器坠落。

(3) 脚螺旋——位于基座下方三角形顶点处，用来整平仪器，使水平度盘位于水平位置，共三个。

(4) 圆水准器——位于基座侧面，伸缩脚架的三条腿使圆气泡居中，用来粗略整平仪器。

经纬仪的圆水准器同水准仪的圆水准器一样，是由一个小的圆柱形金属盒，内装一空心的有机玻璃体构成的。圆水准器顶面的内壁是球面，其中有圆分划圈，圆圈的中心为水准器的零点。通过圆水准器的零点与球心的连线称为圆水准器轴。当圆水准器气泡居中时，该轴处于铅垂位置。当气泡不居中时，气泡中心偏移零点 2mm，轴线所倾斜的角值，称为圆水准器的分划值，一般为 8′ ~ 10′。该精度较低，用于仪器的概略整平。

(5) 中心连接螺旋——位于脚架连接处，用来将基座与脚架相连。连接螺旋下方备有挂垂球的挂钩，以便悬挂垂球，用于对中，利用它使仪器中心与被测角的顶点位于同一铅垂线上。与经纬仪的光学对中器作用一致。光学对中器与垂球相比，具有对点精度高和不受风吹摆动等优点。

(二) 读数方法

光学经纬仪上的水平度盘和竖直度盘都是用光学玻璃制成的圆形度盘，整个圆周划分为 360°，每度都有注记。度盘分划线通过一组位于照准部侧壁内的光学棱镜成像于望远镜旁的读数显微镜内，观测者通过读数显微镜读取度盘上的读数。各种光学经纬仪因读数设备不同，读数方法也不一样。我国生产的仪器的读数系统主要有以下两种：

1. 测微尺测微器读数系统及其读数方法

国产的 DJ₆ 级光学经纬仪，大多数采用分微尺测微器装置，它结构简单，读数方便。

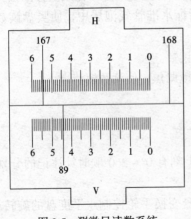

图 2-5 测微尺读数系统

如图 2-5 所示，在读数显微镜中可以看到两个读数窗：注有"H"的是水平度盘读数窗；注有"V"的是竖直度盘读数窗。每个读数窗上刻有分成 60 小格的分微尺，每 10 格有一数字注记，该分微尺长度等于度盘间隔 1° 的两分划线之间的影像宽度，因此分微尺上每一个数字注记代表 10′，一小格的分划值为 1′，可估读到 0.1′。读数时，先调节读数显微镜的目镜，便能清晰地看到读数窗内度盘的影像。然后先读出位于分微尺中的度盘分划线的注记度数，再以度盘分划线为指标，在分微尺上读取不足 1′ 的分数，估读至 0.1′，并将估读的数乘以 60，换算成秒数，两者相加即得度盘读数。

在图 2-5 中，水平度盘读数为 167°54′12″，竖直度盘读数为 89°44′06″。此类仪器读的分微尺读数均为 6″的整倍数。

读数时，应读取位于分微尺中的度盘分划线的度数和以其为指标的分微尺上的数字，分数和秒数相加即为度盘读数。一般情况下，只会有一根度盘分划线位于分微尺上，两根度盘分划线同时位于分微尺上的情形是：第一根分划线位于分微尺的起点，第二根分划线位于分微尺的终点，两者之间差一度，读数结果是一样的。

2. 单平板玻璃测微器读数系统及其读数方法

图 2-6 为单平板玻璃测微器读数窗的影像。下面为水平度盘读数窗，中间为竖直度盘读数窗，上面为两个度盘合用的测微尺读数窗。水平度盘与竖直度盘的最小分划值为 30′，测微尺的宽度与度盘的最小分划一致，即表示 30′，均分为 30 大格，每一大格代表 1′，一大格又均分为三小格，每小格为 20″，可估读到 2″。当度盘分划线影像移动 30′间隔时，测微尺转动 30 大格。读数时，先要转动测微轮，使度盘分划线精确地移动到双指标线的中间，然后读出该分划线的读数，再利用测微尺上的单指标线读出分数和秒数，二者相加即得度盘读数。图 2-6 中的水平度盘读数为 134°30′ + 18′20″ = 134°48′20″，竖直度盘读数为 90°00′ + 22′08″ = 90°22′08″。

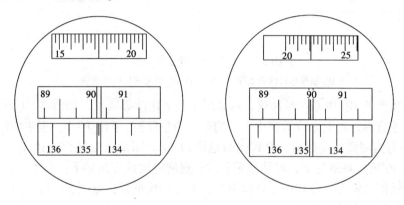

图 2-6　单平板玻璃读数系统

二、DJ$_2$ 级光学经纬仪

与 DJ$_6$ 级光学经纬仪相比，其精度较高，常用于精密工程测量。在结构上，DJ$_2$ 级光学经纬仪的望远镜的放大倍数比 DJ$_6$ 级光学经纬仪的大，照准部水准管的灵敏度较高，度盘格值较小，其主要区别表现在读数设备系统方面。

DJ$_2$ 级光学经纬仪是在光路上设置了一个固定光楔组和一个活动光楔组，入射的光线通过一系列的光学零件，将度盘 180°对径两端的度盘分划影像同时反映在读数显微镜中，形成被一横线隔开的正字像和倒字像，如图 2-7（a）所示，度盘分划值是 20′。小窗为测微尺的影像，左边注记以分为单位，右边注记数字以 10″为单位，最小分划值为 1″。当转动测微轮时，度盘正倒像的分划线向相反方向各移动半格（相当于 10′）。

读数时，转动测微轮，使正、倒像的度盘分划线精确重合，正、倒像相差 180°且相隔最近的最左侧正像分划数字就是度盘的度数，正、到像分划线间格数乘 10 就是分数，不足 10′的数字在左边小窗中的测微尺上读取。图 2-7（a）中水平度盘读数为 155°42′01″，竖直度盘读数为 88°48′01″。

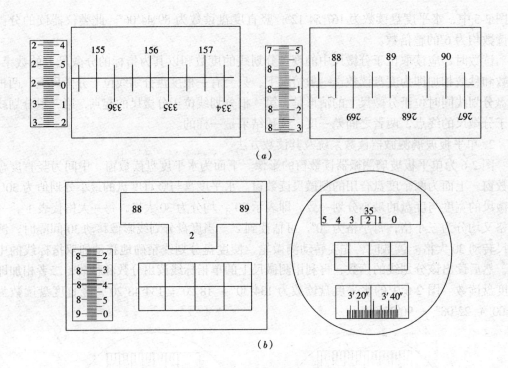

图 2-7 DJ₂ 级经纬仪读数系统

（*a*）DJ₂ 级经纬仪读数系统（一）；（*b*）DJ₂ 级经纬仪读数系统（二）

近年来生产的 DJ₂ 级光学经纬仪，都采用了数字化读数装置。如图 2-7（*b*）所示，右下方为分划重合窗；右上方读数窗中上面的数字为整度数，凸出的小方框中所注数字为整 10′ 数；左下方为测微尺读数窗。全程测微范围为 10′。测微尺读数窗左边注记数字为分，右边注记为 10″ 数。每格为 1″，可估读至 0.1″，观测时读数方法如下：

（1）转动测微轮，使分划线重合窗中上、下分划线重合，见图 2-7（*b*）；

（2）在读数窗中读出度数；

（3）在小方框中读出整 10′ 数；

（4）在测微尺读窗中读出分、秒数；

（5）将以上读数相加即为度盘读数。

图 2-7（*b*）中读竖盘度数为 88°28′38.8″，水平度盘度数为 35°23′28.5″。

与 DJ₆ 级光学经纬仪不同的是：在 DJ₂ 级光学经纬仪的读数窗中，只能看到一个度盘影像，测角时需利用度盘换像手轮切换到所需要的度盘影像。

三、电子经纬仪

随着电子技术的高速发展，在光学经纬仪的基础上发展起来的新一代测角仪器是电子经纬仪，与光学经纬仪比较，电子经纬仪的主要特点如下：

（1）采用电子测角系统，实现了测角自动化、数字化，测量结果自动显示在读数窗中，减少了读数误差，降低了劳动强度，提高了工作效率。

（2）可与光电测距仪组合成全站型电子速测仪，配合适当的接口，可将电子手簿记录的数据输入计算机，实现数据处理和绘图自动化。

电子经纬仪的测角原理与光学经纬仪一样。所不同的是，电子经纬仪测角是从度盘上取得电信号，根据电信号再转换成角度，以数字方式自动输出，显示在读数窗上，并记入存储器。电子经纬仪测角根据度盘取得信号的方式不同，分为光栅度盘测角、编码度盘测角和电栅度盘测角等。

如图2-8所示为北京拓普康仪器有限公司推出的DJD$_2$级电子经纬仪，该仪器采用光栅度盘测角，水平、竖直角度显示读数分辨率为1″，测角精度可达2″，同DJ$_2$级光学经纬仪的精度。

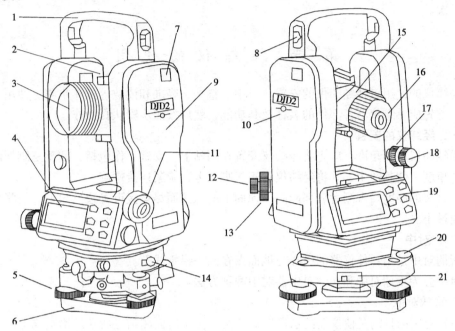

图2-8　电子经纬仪

1—提把手；2—瞄准器；3—物镜；4—液晶显示窗；5—脚螺旋；6—三角基座；7—与测距仪的通讯接口；8—固定螺丝；9—电池；10—望远镜中心标志；11—光学对中器；12—水平制动螺旋；13—水平微动螺旋；14—通讯插口；15—物镜调焦筒；16—目镜；17—望远镜竖直制动手轮；18—望远镜竖直微动手轮；19—操作面板；20—圆水准器；21—基座固定扳手

如图2-9所示为电子经纬仪液晶显示窗和操作键盘。键盘上有6个键，可发出不同指令。液晶显示窗中可同时显示提示内容、竖直角（V）和水平角（H$_R$）。

DJD$_2$电子经纬仪支架上可以加装红外测距仪，与电子手簿相结合，可组成组合式电子速测仪，能同时显示和记录水平角、竖直角、水平距离、斜距、高差、点的坐标数值等。

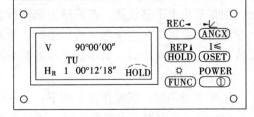

图2-9　电子经纬仪液晶显示窗和操作键盘

四、激光经纬仪

激光经纬仪是在经纬仪上安装激光器，将激光器发出的激光束导入经纬仪望远镜内，使之沿着视准轴方向射出一条可见的红色激光束。由此使不可见的视线变成了一条可见视线，此类仪器多用于各种施工测量中：不但用于一般准直测量，而且用于竖直准直测量，特别适合于高层建筑、大型塔架、港口、桥梁等工程的施工测量中。

激光经纬仪较之普通经纬仪最主要的优点是视线可见，激光器提供的红色激光束不但射程远，而且光束的直径不会因距离增大而显著变化，是理想的定位基准线。

激光经纬仪使用时要注意电源线的连接正确，使用前要预热半小时，使用完毕，要先关电源，待指示灯灭，激光器停止工作，然后拉开电源。长期不用的激光经纬仪也要每月充电一次。

第三节　经纬仪的使用

经纬仪的使用包括经纬仪的安置、对中、整平、瞄准和读数等操作步骤。使用经纬仪测角，首先应熟悉仪器各部件的名称及其功能，然后按照步骤认真操作。

一、经纬仪的安置

用经纬仪观测角度，应先将经纬仪安置在测站上，安置工作包括：调整三脚架的高度和张开角度，使其适中，并将经纬仪置于三脚架上，旋紧连接螺旋。

三脚架的高度与观测者肩部同高，地面上的三角面尽量接近等边三角形，且张角不宜过大或过小。

二、对中

所谓对中是指：使仪器的中心与地面点在同一铅垂线上。

对中分为垂球对中和光学对中器对中两种方法。

1. 垂球对中

（1）对中的目的是使仪器的水平度盘的圆心位于地面测站点所在的铅垂线上。其操作步骤如下：打开三脚架，调节脚架腿，使其高度适中，以便观测，并使架头中心粗略对准测站标志中心，同时使架头大致水平。

（2）在基座连接螺旋小钩上挂垂球。使垂球尖尽量接近地面点位，如果垂球尖偏离目标中心较远，则须将三脚架作等距离同方向平移，或者固定一脚移动另外两脚，使垂球尖较准确地对准地面标志中心，并使架头大致水平。然后，将脚架固定，从箱中取出经纬仪，将仪器安置在三脚架上，旋上基座连接螺旋（不必拧太紧）。

（3）伸缩调节三脚架的其中两只架腿，使圆气泡居中，若垂球尖偏离标志点中心不远，则在架头上平移仪器，若垂球尖偏离标志点中心较远则平移脚架，重新调平圆气泡，此步骤需反复进行，直至圆气泡居中时，垂球尖精确对准标志中心，最后再旋紧基座连接螺旋。采用垂球对中时，对中误差一般要求小于 3mm。

2. 光学对中

用光学对中时，其操作步骤如下：

（1）打开三脚架，调节脚架腿，使其高度适中，以便观测，并使架头中心粗略对准测站标志中心，同时使架头大致水平。然后，将脚架固定，使脚架稳定，从箱中取出经纬仪，并使三个脚螺旋等高，将仪器安置在三角架上，旋上基座连接螺旋（不必拧太紧）。

（2）通过光学对中器观察地面标志点，平移脚架，使测站点位于光学对中器中的圆圈内。然后，伸缩脚架的三支脚，使圆水准器气泡居中，通过光学对中器观察地面测站点，若偏离圆圈太多，则需要重新平移脚架再次对中，若偏离圆圈较小，则拧松脚架连接螺旋，在架头上平移仪器，使地面标志点严格位于光学对中器中的圆圈内，最后再旋紧基座连接螺旋。此步骤需反复进行，直到满足要求。

（3）对中误差要求小于 1mm。

三、整平

所谓整平：是指调节三个脚螺旋，使水准管气泡居中。

整平的目的是使仪器的水平度盘处于水平位置，竖轴处于铅垂位置。其操作步骤如下：

（1）转动照准部，使照准部水准管轴平行于任意两个脚螺旋的连线方向，如图 2-10（a）所示。

（2）两手同时向内或向外旋转这两个脚螺旋，使气泡居中（气泡移动的方向与转动脚螺旋时左手大拇指运动方向相同）。

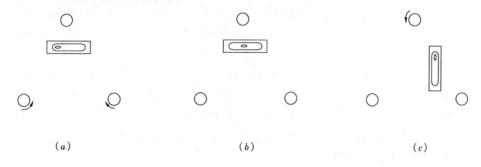

（a）　　　　　　　　　（b）　　　　　　　　　（c）

图 2-10　经纬仪的整平

（3）将照准部旋转 90°，然后旋转第三个脚螺旋使气泡居中，如图 2-10（b）所示。按此步骤反复进行，直至水准管在任何方向气泡均居中时为止。整平误差规范规定：水平角观测过程中，气泡中心位置偏离整置中心不宜超过 1 格。

必须说明，整平和对中是互为制约的。安置经纬仪时，对中、整平要反复进行，直至均满足要求。既要精确地对中，又要严格地整平。

四、瞄准

测水平角时，瞄准是指用十字丝的纵丝精确地照准目标，使目标点位于十字丝交点处，其操作步骤如下。

（1）目镜调焦：调节目镜调焦螺旋，使十字丝清晰。

（2）松开望远镜制动螺旋和照准部制动螺旋，先利用望远镜上的瞄准器粗略瞄准目标，使在望远镜内能看到目标物像，然后旋紧上述两制动螺旋。

（3）物镜调焦：转动物镜调焦筒使物像清晰，注意消除视差，使物像准确地落在十字丝板上。

（4）调节望远镜和照准部微动螺旋，照准目标的根部，使十字丝的单纵丝精确地平分目标，并用双纵丝校核，十字丝交点尽量接近地面点。

五、读数

照准目标后，打开反光镜，并调整其位置，使其照亮读数窗内度盘读数部位。然后调节读数显微镜的目镜调节螺旋，使读数窗内分划清晰，并消除视差，最后读取度盘读数并记录、计算。

第四节　水平角的测量

水平角的测量方法根据观测方向数的不同主要分为测回法和方向法两种，只有两个方向的水平角的观测采用测回法观测，多于两个以上方向之间的水平角的观测采用方向法，本节介绍测回法水平角测量的方法和步骤。

一、测回法观测步骤

测回法适用于观测两个方向之间的单角。分为上半测回和下半测回，两者合称为一测回。其观测方法及步骤如下：如图 2-11 所示，欲测量直线 OA 和 OB 所夹的水平角，先在观测点 A、B 上设置观测目标，观测目标视距离的远近，可选择垂直竖立的标杆或测钎，或者悬挂垂球。然后在测站点 O 安置仪器，使仪器对中、整平后，按下述步骤进行观测。

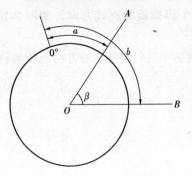

图 2-11　水平角观测

（1）上半测回：盘左位置（竖盘处于望远镜左侧时的位置，亦称正镜）

顺时针旋转望远镜，瞄准左目标 A，并配置水平度盘读数为 $0°00'00''$（或略大于 $0°00'00''$），设为 $a_1 = 0°02'18''$，记入观测手簿（见表 2-1）中。然后顺时针旋转望远镜，瞄准右目标 B，读取水平度盘读数，设为 $b_1 = 96°52'00''$，记入手簿。

计算盘左位置观测的水平角为：

$$\beta_左 = b_1 - a_1 = 96°52'00'' - 0°02'18'' = 96°49'42''$$

至此，完成了上半测回的观测工作。

（2）下半测回：盘右位置（竖盘处于望远镜右侧时的位置，亦称倒镜）

倒转望远镜，先瞄准右目标 B，读取水平度盘读数，设为 $b_2 = 276°51'48''$，记入手簿。然后逆时针旋转望远镜，瞄准左目标 A，读取水平度盘读数，设为 $a_2 = 180°02'30''$，记入手簿。计算盘右位置观测的水平角

$$\beta_右 = b_2 - a_2 = 276°51'48'' - 180°02'30'' = 96°49'18''$$

至此，完成了下半测回的观测工作。

盘左和盘右两个半测回合起来称为一个测回。对于 DJ_6 光学经纬仪，当两个半测回测得的角值之差 $\Delta\beta$ 通常不应大于 $±40''$ 时，则取上、下两个半测回角值的平均值，作为一测回的角值，即

$$\Delta\beta = |\beta_右 - \beta_左| \leq ±40''$$

$$\beta = \frac{\beta_左 + \beta_右}{2} = \frac{96°49'42'' + 96°49'18''}{2} = 96°49'30''$$

必须注意：水平度盘是按顺时针方向注记的，因此在测水平角时，观测点的点号宜顺时针编号，半测回角值必须是右目标读数减左目标读数，当不够减时则将右目标读数加上 360° 以后再减。当测角精度要求较高时，往往需要观测几个测回。为了减小度盘分划误差的影响，各测回应改变起始方向读数，变换值为 $180°/n$，n 为测回数。如测回数 $n = 4$ 时，每测回选定的起始读数间的差值为 45°，各测回起始方向读数应等于或略大于 0°、

45°、90°、135°。用 DJ$_6$ 级光学经纬仪进行观测时，半测回角值之差不得超过 ±40″，否则须重测。各测回同一角值之差依所使用的仪器精度不同而不同，DJ$_6$ 型光学经纬仪要求不得超过 ±24″。

注意：1）上、下半测回观测过程中，不得变换水平度盘读数。

2）上半测回观测时，望远镜应顺转，不宜逆转，若照准目标时越过了方向，则应顺转一周再照准该目标。

3）下半测回观测时，望远镜应逆转，不宜顺转，若照准目标时越过了方向，则应逆转一周再照准该目标。

二、记录与计算

测回法水平角观测记录与计算如下表 2-1 所示。

测回法水平角观测手簿   表 2-1

测站点	盘位	目标	水平度盘读数	半测回角值	一测回角值	各测回角值	备 注
0	左	A	0°03′18″	97°32′36″	97°32′45″	97°32′46″	秒值取平均值时取整，有余数时奇进偶不进
		B	97°35′54″				
	右	A	180°03′06″	97°32′54″			
		B	277°36′00″				
0	左	A	90°10′36″	97°32′48″	97°32′48″		
		B	187°43′24″				
	右	A	270°10′42″	97°32′48″			
		B	7°43′30″				

第五节 竖直角的测量

一、竖直度盘构造

DJ$_6$ 级光学经纬仪的竖直度盘构造如图 2-12 所示，主要部件包括竖直度盘（简称竖盘）、竖盘读数指标、竖盘指标水准管和竖盘指标水准管微动螺旋。

竖盘固定在望远镜水平轴的一端，其圆心在望远镜的水平轴上，望远镜照准目标时视准轴在竖直面内转动，竖盘随望远镜转动。照准不同目标时，通过一组光学棱镜将读数指标丝所指示的读数反射在读数筒中，由此可读出不同的竖盘读数。竖盘读数指标与竖盘指标水准管连接在一个仪器的一侧支架上，转动竖盘指标水准管微动螺旋，可使指标在竖直面内作微小移动。当竖盘指标水准管气泡居中时，竖盘读数指标丝就处于正确位置（铅

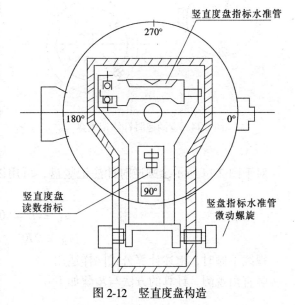

图 2-12 竖直度盘构造

垂线位置)。光学经纬仪的竖直度盘是一个玻璃圆盘，按 0°～360°的分划全圆注记，如图图2-13（a）、（b）所示，注记方向有顺时针方向和逆时针方向两种类型。不论何种注记形式，竖盘装置应满足下述条件：当竖盘指标水准管气泡居中，且望远镜视线水平时，竖盘读数应为90°或270°。

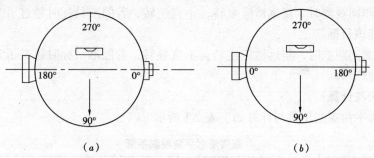

图 2-13　竖直度盘注记

（a）顺时针；（b）逆时针

二、竖直角观测与计算

由竖直角测量原理可知，竖直角等于视线倾斜时的目标读数与视线水平时的整读数之差。至于在竖直角计算公式中，哪个是减数，哪个是被减数，则应根据所用仪器的竖盘注记形式确定。下面以广泛采用的全圆顺时针注记的竖盘为例，推导出竖直角计算公式。

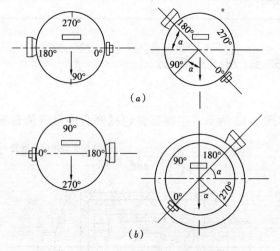

图 2-14　全圆逆时针注记度盘

盘左位置：如图 2-14（a）所示，视线水平时竖盘读数为90°，视线上仰时，竖盘读数 L 应小于90°，即读数减小，则盘左竖直角为：

$$\alpha_L = 90° - L \qquad (2-2)$$

盘右位置：如图 2-14（b）所示，视线水平时竖盘读数为270°，视线上仰时，竖盘读数 R 大于270°，即读数增大，则盘右竖直角为：

$$\alpha_R = R - 270° \qquad (2-3)$$

盘左、盘右读数取平均，则该点的竖直角值为：

$$\alpha = \frac{\alpha_L + \alpha_R}{2} \qquad (2-4)$$

对于图 2-14 所示全圆逆时针注记竖盘，可用以上类似方法推导出竖直角计算公式如下：

$$\alpha_L = L - 90° \qquad (2-5)$$

$$\alpha_R = 270° - R \qquad (2-6)$$

视线下倾时，上述计算公式同样适用。

竖直角观测、计算的方法与步骤如下：

先将经纬仪放在测角顶点上，经过对中、整平安置好后，视测量规范的要求，可用一个全测回或半个测回进行观测。

（1）用盘左以十字丝交点瞄准目标，转动竖盘水准管微动螺旋，使气泡居中，读竖盘读数 L。读数后还要检看一下气泡是否居中，如果气泡偏离开，仍需重作一次，核对读数有无变化。

（2）经纬仪转成盘右位置，以同法再观测目标，读出盘右读数 R。

（3）根据 R 和 L 计算出 $\alpha_{右}$ 和 $\alpha_{左}$，计算竖直角 α 值。

（4）记录：每次读数均需当时记录，并及时计算。记录格式如表2-2所示。

测回法竖直角计算手簿 表 2-2

日期_____ 仪器型号_____ 观测员_____
天气_____ <u>DJ6-1 型</u> ×××号 记录员_____

测站点	目标	盘位	竖直度盘读数	竖直角	平均竖直角	备　　注
O	M	左	108°23′40″	+ 18°23′40″	+ 18°24′10″	$X = -30″$
	M	右	251°35′20″	+ 18°24′40″		

以上所述是测量一个测回的观测步骤及记录。如果只要求作半个测回，则给以指标差改正计算，就可求出正确竖直角。

三、测角注意事项

为了迅速测出达到所需精度的水平角，应注意以下几点：

（1）仪器必须安稳，脚架踩入土中，拧紧脚架固定螺旋及仪器连接螺旋。

（2）围绕仪器走动时脚步要轻，切忌用手扶压仪器及脚架。操作各部螺旋要手轻、心细、动作平稳。

（3）要仔细做好对中整平，偏差应在限差内。

（4）目标必须竖直，瞄准时尽量照准其下部，用十字丝交点平分目标，并注意消除视差。

（5）读数必须仔细，每个读数均要及时记录，用2H铅笔书写，字迹要清楚、整齐，错了要划掉重写，不能用橡皮擦。严禁涂改记录，更不能抄写和撕毁记录。

（6）近距离搬站时，应松开制动螺旋，一手握住脚架至于肋下，一手托住仪器，置于胸前稳步行走，不准将仪器斜扛在肩上。远距离搬站时，仪器必须装箱，仪器装箱前，应松开各制动螺旋，按原样放回仪器箱后应拧紧各制动螺旋，最后关箱上锁。

四、竖盘读数指标差

竖直角计算公式（2-2）和公式（2-3）的推导条件，是认为当视线水平、竖盘指标水准管气泡居中时，读数指标处于正确位置，即正好指向90°或270°。事实上，读数指标往往是偏离正确位置，与正确位置相差一个小角度，该角值称为竖盘指标差，简称指标差，用 x 表示。指标差本身有正负号，一般规定当竖盘读数指标偏离方向与竖盘注记增大方向一致时，x 取正号；反之，取负号。如图2-15所示，指标偏离方向与竖盘注记增大方向相同，竖盘指标差 x 取正号。对于图2-15所示顺时针注记的竖盘，盘左位置，视线水平时读数应为90°，正确竖直角为：

$$\alpha_{0L} = (90° + x) - L = 90° - L + x \tag{2-7}$$

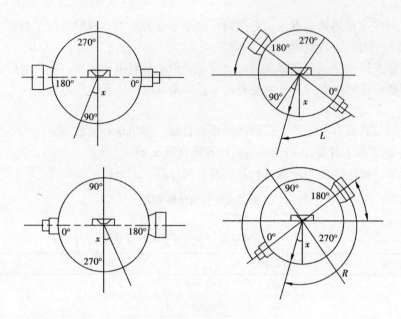

图 2-15　竖盘指标差

同理，盘右位置，正确竖直角为：

$$\alpha_{0R} = R - (270° + x) = R - 270° - x \tag{2-8}$$

式（2-7）、式（2-8）两式相加并除以 2 得：

$$\alpha = \frac{R - L - 180°}{2} \tag{2-9}$$

与式（2-4）完全相同，说明盘左、盘右取平均值，可消除指标差对竖直角的影响。

理想状况下 $\alpha_{0L} = \alpha_{0R}$，故：式（2-8）减式（2-7），并整理后得：

$$x = \frac{R + L - 360°}{2}$$

还可写成计算指标差 x 的另一种形式为：

$$x = \frac{R + L}{2} - 180° \tag{2-10}$$

至此，完成了一个目标点的一个测回的竖直角观测与计算。对于目标 A 与目标 B 的观测与计算相同，见表 2-2。指标差能反映观测成果的质量。

指标差是由于仪器竖盘指标位置出现偏差时产生的，是仪器设备本身带来的误差，属于系统误差，当指标差不大时，可以通过盘左、盘右观测取平均的方法消除其对成果的影响。规范规定，对于 DJ_6 级光学经纬仪，同一测站上不同目标的指标差，不应超过 25″。对于 DJ_2 级光学经纬仪不应超过 15″。观测竖直角时，只有在竖盘指标水准管气泡居中的条件下，指标才处于正确位置，否则读数就有错误。然而每次读数都必须使竖盘指标水准管气泡居中是很费事的，因此，有些光学经纬仪，采用竖盘指标启动归零装置。当经纬仪整平后，竖盘指标即自动居于正确位置，这样就简化了操作程序，可提高竖直角观测的速度和精度。

第六节　角度测量误差及注意事项

在水平角测量中影响测角精度的因素很多，主要有仪器误差、观测误差以及外界环境条件的影响。

一、角度测量误差

（一）仪器误差

仪器误差的来源主要有两个方面：

（1）由于仪器加工装配不完善而引起的误差，如度盘刻划不均匀产生的度盘刻划误差、度盘分划中心和照准部旋转中心不重合而引起的度盘偏心误差等。这些误差是不能用仪器检校方法减小其影响的，只能用适当的观测方法来予以消除或减弱。如度盘刻划误差，可通过在不同的度盘位置测角来减小它的影响，即在不同的测回中改变度盘起始读数的方法来减小或消除此类误差对成果的影响；度盘偏心误差可采用盘左、盘右观测取平均值的方法来消除或减弱。

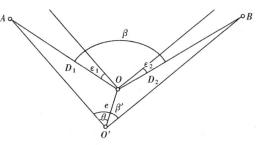

（2）由于仪器检校不完善而引起的误差，如视准轴不垂直于横轴的误差、横轴不垂直于竖轴的误差、竖轴不垂直于水准管轴的误差等等。这些误差经检校后仍会留有部分残余误差，其对测角的影响，有的可采用盘左、盘右观测取平均值的方法予以消除或减弱，有的则无法用盘左、盘右观测取平均值的方法予以消除或减弱。

图 2-16　对中误差

（二）观测误差

1. 对中误差

如图 2-16 所示，设 O 为测站点，由于仪器存在对中误差，也称偏心误差，使仪器中心偏至 O' 点，OO' 为偏心距，用 e 表示。

正确角值 β 与实测角值 β' 之差为：

$$\varepsilon = \beta - \beta' = (\varepsilon_1 + \varepsilon_2)$$

由于 ε_1 与 ε_2 很小，所以有故仪器对中误差对水平角的影响为：

$$\varepsilon_1 + \varepsilon_2 = \rho'' \times e \times \frac{\sin\theta}{D_1} + \frac{\sin(\beta - \theta)}{D_2} \tag{2-11}$$

由式（2-11）可知：

（1）对中误差 ε 与偏心距 e 成正比，即偏心距 e 愈大，则 ε 愈大；

（2）对中误差 ε 与测站到测点的距离 D 成反比，即距离愈短，则对中误差 ε 愈大；

（3）对中误差 ε 与所测水平角的大小有关，当 $\beta' = 180°$，$\theta = 90°$ 时，对中误差 ε 最大。

例如：取 $e = 3\text{mm}$，$D_1 = D_2 = 100\text{m}$，时

$$\varepsilon'' = \beta - \beta' = (\varepsilon_1 + \varepsilon_2) = 206265'' \times 3 \times \frac{\sin 90°}{100} + \frac{\sin(180° - 90°)}{100} = 24.8''$$

综上所述，在进行水平角观测时，为保证测角精度，仪器对中误差不应超出相应规范规定的范围，当边长较短，且所测角度接近 180° 时，更应认真仔细地进行对中，尽可能地减小偏心距。

2. 整平误差

水平角观测时必须保持水平度盘水平、竖轴竖直，这样才能保证角度是水平角。若照

准部水准管气泡不居中，导致竖轴倾斜而使度盘不在水平位置而引起的测角误差，无法用盘左、盘右观测取平均值的方法来消除。因此，在观测过程中，应特别注意仪器的整平。在同一测回内，若气泡偏离超过一格，应重新整平仪器，并重新观测该测回。

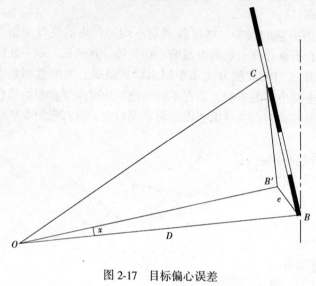

图 2-17　目标偏心误差

3. 目标偏心误差

观测水平角时，所瞄准的目标偏斜或目标没有准确安放在地面标志中心，因此而产生的测角误差 x 称为目标偏心差。如图 2-17 所示，O 为测站点，B 为地面标志中心，由于设置观测目标存在误差，使观测目标偏离 B 点至 B' 点，由此产生目标偏心距 e，由图 2-17 可知，x 与目标偏心距成正比，与边长 D 成反比，与 β 角度无关。因此，在测角时，应使被观测目标中心和地面标志中心在一条铅垂线上。当用标杆或测钎作为观测目标时，除注意把观测目标立直外，还应尽量瞄准观测目标的底部。

4. 照准误差

照准误差主要与望远镜的放大率有关。一般人眼的正常分辨率为 0.1mm，即人眼对两点的最小视角约为 60″时，两点便不易分辨而合并成一点，故用人眼观测时，可认为最大照准误差为 60″。当用放大倍率为 x 的望远镜瞄准目标时，人眼的分辨能力可提高 x 倍。若用望远镜观测时的照准误差为：

$$M_V = \frac{\pm 60'}{x} \tag{2-12}$$

对于 DJ_6 级光学经纬仪，望远镜放大倍率为 25～30 倍，因此照准误差在 2.0″～2.4″之间。此外，照准误差还与目标的形状和亮度、大气的温度、透明度及视差的消除程度等因素有关，该误差无法通过观测方法消除，因此观测过程中要格外仔细，严格照准。

5. 读数误差

读数误差主要取决仪器的读数设备。对于 DJ_6 级光学经纬仪，用分微尺测微器读数，一般估读误差不超过分微尺上最小分划的 1/10，即不超过 ±6″。如果反光镜进光情况不佳，读数显微镜调焦不恰当以及观测者的技术不熟练，则估读的极限误差会远远超过上述数值。为保证读数的准确，必须仔细调节读数显微镜目镜，使度盘与测微尺分划影像清晰，对秒数的估读一定要细心。

（三）外界条件影响误差

外界条件对观测结果的影响很多，如大风、松软的土质会影响仪器的稳定；大气的透明度会影响照准精度；温度的变化会影响水准气泡而影响到仪器的整平；受地面辐射热的影响，视线不稳而使物像跳动等等。在观测中要完全避免这些影响是不可能的，只能选择有利的观测时间和条件，尽量避开不利因素，使其对观测的影响降低到最小程度。例如：

42

安置仪器时要踩实三脚架；晴天观测时要撑伞，不让阳光直射仪器；尽量选择多云天气或没有阳光直射的天气；对于精度要求高的工程而言，要选择早、晚没有阳光直射的时间段观测；观测视线应避免从建筑物旁、冒烟的烟囱上面和近水面的空间通过等等，因为这些地方都会因局部气温变化而使光线产生不规则的折光，使观测成果受到影响而降低观测精度。

思 考 题 与 习 题

1. 什么叫水平角？若某测站与两不同高度的目标点位于同一竖直面内，那么测站与两目标构成的水平角是多少度？

2. 经纬仪有哪几部分组成？其测角原理是什么？

3. 观测水平角时，为什么要进行对中和整平？简述光学经纬仪对中和整平的目的和方法。

4. 经纬仪测角过程中，是否有视差产生？为什么？对成果有何影响？

5. 试述测回法测角的操作步骤。

6. 多测回水平角测量过程中，为什么要变动度盘起始位置？

7. 整理表3-3中测回法观测水平角的记录。

测回法计算手簿（水平角） 表2-3

测站点	盘位	目标	水平度盘读数	半测回角值	一测回角值	各测回角值	备 注
O	左	A	0°01′06″				
		B	45°37′54″				
	右	A	180°01′24″				
		B	225°38′06″				
O	左	A	90°10′36″				
		B	135°48′00″				
	右	A	270°10′42″				
		B	315°48′12″				

8. 什么叫竖直角？观测水平角和竖直角有哪些相同点和不同点？

9. 如何推导不同竖盘注记经纬仪的竖直角和指标差计算公式？

10. 观测竖直角时，竖盘指标水准管的气泡为什么一定要居中？

11. 整理表3-4中竖直角观测记录，并分析有无竖盘指标差存在。

12. 经纬仪有哪些主要轴线？它们之间应满足什么条件？为什么必须满足这些条件？

13. 水平角测量的误差来源有哪些？在观测中应如何消除或减弱这些误差的影响？

14. 采用盘左、盘右观测水平角，能消除哪些仪器误差？不能消除哪些误差对测量成果的影响？

15. 电子经纬仪有哪些主要特点？它与光学经纬仪的本质区别是什么？

16. 激光经纬仪与光学经纬仪的区别是什么？

测回法计算手簿（竖直角） 表2-4

测站点	目标	盘位	竖直度盘读数	半测回角值	一测回角值	指标差 x''	备注
O	A	左	97°23′30″				
		右	262°36′24″				
	B	左	84°36′48″				
		右	275°23′24″				

第三章 距离测量与直线定向

距离测量是测量的三项基本工作之一。测量工作中所指的距离往往是指两点间位于同一高度间的距离，即水平距离。所谓水平距离是指地面上两点垂直投影到水平面上的直线距离。如图 3-1 所示。距离测定的方法有钢尺（或皮尺）量距、经纬仪（或水准仪）视距测量、光电测距仪（或全站仪）测距等。在实际工程测量中，除了须确定直线的长度外，往往还要确定该直线的方向，以区别不同直线间的相对位置关系，即直线定向。本章主要介绍钢尺量距和光电测距的基本方法及直线定向。

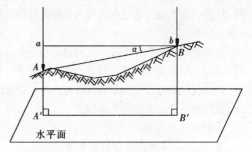

图 3-1　距离测量

第一节　量　距　工　具

在暖通工程测量中，常用的距离测量的工具主要有钢尺、皮尺等。辅助工具有标杆、测钎、垂球、弹簧秤等。

一、主要工具

1. 钢尺

钢尺也称钢卷尺，由薄钢片制成的带尺，有架装和盒装两种。尺宽约 10～15mm，厚约 0.2～0.4mm，长度有 20、30 及 50m 等几种，卷放在圆形盒内或金属架上。钢尺的刻划方式有多种，目前使用较多的为全尺刻有毫米分划，在厘米、分米、米处有数字注记的钢卷尺。

钢尺量距的优点是：精度较高，可达 1:5000 以上，因此钢尺是工程测量中常用的量距工具之一。钢尺量距的缺点是：钢尺抗拉强度高，不易拉伸，使用时需要在钢尺的两端加一定的拉力 P；钢尺性脆，容易折断和生锈，使用时要避免扭折、受潮湿和车轧。根据尺的零点位置不同，钢尺分为端点尺和刻线尺两种规格，端点尺以尺的最外端为尺的零点，刻线尺以尺前端的第一个刻线为尺的零点，如图 3-2（a）、（b）所示，使用时注意区别。

2. 皮尺

又称卷尺，由麻线和金属丝的混合物织成，尺宽约 10～15mm，厚约 0.2～0.4mm，长度有 15、20、30m 等几种，卷放在硬塑料盒内。尺面只有厘米分划，每分米及米处有数字注记。皮尺受潮易收缩，受拉易伸长，因此只用于一般的或精度较低的距离丈量中。

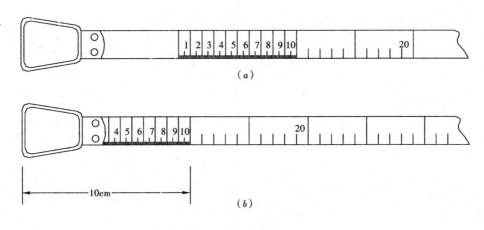

图 3-2 钢尺
（a）刻线式钢尺；（b）端点式钢尺

二、辅助工具

1. 标杆

标杆又称花杆，多用木料或铝合金材料制成，直径约 3cm、全长有 2、2.5 及 3m 等几种。杆身上用红、白油漆漆成 20cm 间隔的色段，标杆下端装有尖头铁脚，如图 4-3（a）所示，以便插入地面，作为照准标志，也常用于标定直线的方向（目估定线）。铝合金材料制成的标杆重量轻且可以收缩，携带方便。

2. 测钎

测钎用细钢筋制成，上部弯成小圈，下部尖形。直径约 3～6mm，长度 30～40cm。钎上可用红、白油漆涂成红、白相间的色段，如图 3-3（b）所示。在精度不高的距离丈量过程中，用于标定直线方向

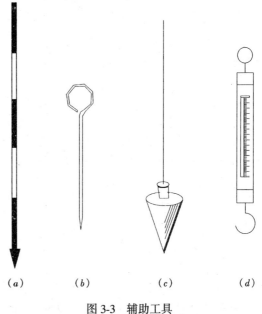

图 3-3　辅助工具

（直线定线），即将测钎插在分段点处，用以标定尺段端点的位置，也可作为照准标志。

3. 垂球

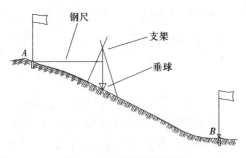

图 3-4　垂球的辅助作用

图 3-3（c）所示，垂球用金属制成，上大下尖呈圆锥形，与经纬仪对中用垂球一致，精度不高的距离丈量中，用于辅助测量。

如图 3-4 所示，在倾斜地面上量水平距离时用于投点，其上端系一细绳，使用过程中，要求垂球尖与细绳在同一铅垂线上。

4. 弹簧秤

如图 3-3（d）所示，在精密距离丈量中

用于给钢尺两端施加固定的拉力。

第二节　钢　尺　量　距

一、水平距离概念

水平距离是指地面上两点在同一水平面上的垂直投影间的最短距离。暖通工程中常常用到的是同一水平面上两点间的直线距离，而实际工作中，需要测定距离的地面上两点往往不在同一水平面上，所以沿地面直接测量所得距离是倾斜距离，需将其换算为水平距离。如图 3-5 所示。

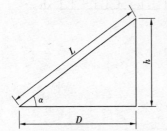

图 3-5　倾斜距离换算成水平距离

二、直线定线

用钢尺进行距离测量，当地面上两点间的距离超过一个尺段长或地势起伏较大时，往往需要分段丈量。为了保证量得的距离是两点间的直线距离，则需要在两点间所在的直线方向上设立若干个中间点，将该直线全长分成若干个小于或等于一个尺段长的距离，并使每个分段点均落在该直线所在的竖直面内，以便分段丈量，这项工作称为直线定线。在一般距离测量中常用目估定线、拉线定线法进行直线定线，而在精密距离测量中则采用经纬仪定线法。

（一）目估定线

根据三点一线的原理，在 A、B 两点上先立两根标杆，然后如图 3-6 所示，在 AB 直线上左右移动第三根标杆，使第三根标杆与 A、B 点上的标杆位于同一竖直面内，依次定出各分段点，使各分段点间距离小于或等于一个尺段长，然后进行距离丈量。此方法用于一般精度的距离丈量中。

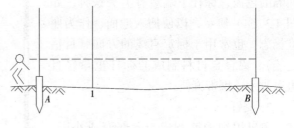

图 3-6　目估定线

（二）拉线定线

距离丈量时，当地势较平坦，且两点间距离不太长时，距离丈量前，可先在 A、B 两点间拉一细绳，沿着线绳定出各中间点，使点与点之间的距离小于或等于一个尺段长，插上测钎，作为分段点，以便分段丈量。此方法用于一般精度的距离丈量中。

（三）经纬仪定线

当量距精度要求较高时，应采用经纬仪定线法。如图 3-7 所示，欲在地面上 A、B 两点间精确定出 1，2，3，…点的位置，可将经纬仪安置于起点 A 处，用望远镜瞄准终点 B 处，固定照准部水平制动螺旋，然后将望远镜向下俯视，在视准轴所在的竖直面与地面的交线上打木桩，在桩顶上包以白铁皮，在白铁皮上用小刀刻上十字丝，使桩与桩

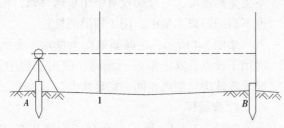

图 3-7　经纬仪定线

间距离小于或等于一个尺段长，然后对所钉木桩编进行号，即为经纬仪直线定线。

三、钢尺检定与尺长改正

(一) 尺长方程式

和水准仪、经纬仪一样，钢尺由于制造误差、经常使用过程中的变形以及丈量时温度和拉力不同的影响，使得钢尺的实际长度与出厂时标定的长度不一致，因此，钢尺在使用前也要经过检定，只有经过检定的钢尺才能用于工程测量中。

钢尺出厂时，尺身上所标注的钢尺的总长度称为该钢尺的名义长度，用 L_o 表示，由于钢尺的制造材料和制造工艺等原因，钢尺的名义长度一般与钢尺使用时的实际长度有差异，两者之差称为钢尺的尺长改正数，用 ΔL 表示。根据钢尺的材料及使用时的条件，钢尺的实际长度与钢尺的材料、使用钢尺时的环境温度 (t)、拉力 (P)、尺长改正数 (ΔL) 等因素有关。由于拉力 P 可以使用拉力计施加标准拉力加以控制，因此钢尺的实际长度表达为与温度有关的函数式，称此式为尺长方程式为：

$$L_t = L_o + \Delta L + \alpha(t - t_o)L_o \tag{3-1}$$

式中　L_t——钢尺在温度为 t_o 时的实际长度 (m)；

　　　L_o——钢尺的名义长度 (m)；

　　　ΔL——尺长改正数 (m)；

　　　α——钢尺的膨胀系数，为一常数，与钢尺的材料有关，一般为 $1.20 \times 10^{-5} \sim 1.25 \times 10^{-5}$；

　　　t_o——钢尺检定时的钢尺温度 (℃)；

　　　t——钢尺使用时的钢尺温度 (℃)。

根据钢尺的尺长方程式，可方便地计算出钢尺在任一环境温度下的实际长度，便于提高距离丈量的精度。但钢尺在使用一段时间后，尺长改正数会发生变化，须重新检定，得出新的尺长方程式。

(二) 钢尺检定

检定钢尺，是指在标准拉力 (一般为 10kN) 和标准温度 (一般为 20℃) 下，所测定的钢尺的实际长度。因此，钢尺的检定，就是重新确定该钢尺的尺长改正数 ΔL，即重新确定钢尺的尺长方程式。钢尺检定应送有相应资质的专业检定单位进行检定。但若有检定过的钢尺，在精度要求不高时，可用检定过的钢尺做为标准尺来检定其他钢尺。钢尺的检定方法通常有以下两种：

1. 在已知长度的两固定点间量距

在平坦的地面上选择长约 150m 的地方，埋设两个固定点，作为基准线，用高精度的测距仪测定其长度作为该基准线的真实长度 D_0，再用被检定的钢尺在该基准线上精密丈量多次，算出平均值 D_1，则被检定钢尺每米的尺长改正数 $\dfrac{D_0 - D_1}{D_1}$，若被检钢尺的名义长度 L_0，则该尺的尺长改正数为：

$$\Delta l_d = \frac{D_0 - D_1}{D_1} \times l_0$$

再量得检定时的钢尺温度 t_o，从而可得被检定钢尺的尺长方程式。

2. 与标准尺比长

以检定过的已有尺长方程式的钢尺作为标准尺，将标准尺与被检定钢尺并排放在地面上，每根钢尺的起始端施加标准拉力，用温度计测出检定时的钢尺温度，并将两把尺子的末端刻划对齐，在零分划附近读出两尺的差数。这样就能根据标准尺的尺长方程式计算出被检定钢尺的尺长方程式。这里认为两根钢尺的膨胀系数相同。检定宜选在阴天或背荫的地方进行，以使温度变化不大。

四、钢尺量距的基本方法——平坦地面钢尺量距

(一) 一般量距方法

平坦地面的丈量工作，需由起点 A 至终点 B 沿地面按前述目估定线或拉线定线法逐个标出分段点位置，用钢尺依次丈量所有点间距离，然后算出累积和，完成往测，如图3-8所示。

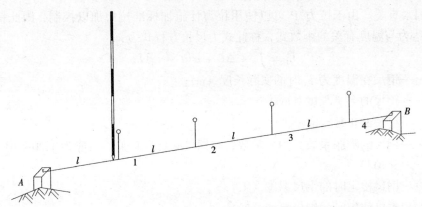

图 3-8　平坦地面钢尺一般量距

为了检核和提高测量精度，还应由终点 B 按同样的方法依次返量至起点 A，称为返测。返测时应从 B 点向 A 点重新定线并标出分段点位置。以往、返测之结果的平均值作为 AB 的最终长度 D_{AB}。由于距离丈量过程中，成果的精度与实际丈量距离的长度和丈量的分段数有关，实际丈量的长度、丈量的分段数与丈量的成果精度成反比。实际丈量成果的精度采用相对误差的概念来衡量，即：以往、返丈量距离之差的绝对值 $|\Delta D|$ 与往返测距离平均值 D_{AB} 之比，换算成分子为一的分数，来衡量测距的精度，通常用符号 K 表示。规范中规定了普通距离丈量中不同条件下的丈量精度要求。当相对误差 K 符合规范中要求的精度时，取往、返两次丈量结果平均值作为 AB 的距离，否则，应重测。

即：

$$D_{AB} = \frac{D_{往} + D_{返}}{2} \tag{3-2}$$

相对误差：

$$K = \frac{|D_{往} - D_{返}|}{D_{平均}} = \frac{1}{\dfrac{D_{平均}}{|D_{往} - D_{返}|}} \tag{3-3}$$

注意：相对误差计算过程中，分母中的小数宜舍不宜进。否则，将夸大成果的精度。

例如：对某段线段长度进行往、返丈量，往测结果为 137.292m，返测结果为137.248m，则该段距离的长度为137.270m，其相对误差为 $K = 1/3100$。

相对误差分母愈大，则 K 值愈小，精度愈高；反之，精度愈低。普通距离丈量中，钢尺量距的相对误差一般不应低于 1/3000，在量距较困难的地区，其相对误差也不应低于 1/1000。

（二）精密量距

1．准备工作

（1）清理场地　清除待丈量线段间的障碍物，必要时要适当平整场地，使钢尺在每一尺段中不致因地面高低起伏太大而产生挠曲，便于丈量工作的进行，以提高丈量精度。

（2）直线定线　精密量距需用经纬仪定线，以提高丈量时的精度，如图 3-7 所示。

（3）测桩顶间高差　由于桩与桩间不易保持在同一高度上，故桩与桩间的距离是斜距，欲得到桩顶间水平距离，须测定相邻两桩顶间高差 h，然后将量得的倾斜距离 L 换算成水平距离 D。

$$D = \sqrt{L^2 - h^2} \tag{3-4}$$

2．丈量方法

精密量距一般由 5 人组成，2 人拉尺，2 人读数，1 人测定丈量时的钢尺温度兼记录员。丈量时，后尺手挂拉力计于钢尺零端，前尺手执尺子末端，两人同时拉紧钢尺，把钢尺有刻划的一侧贴于木桩顶十字线交叉点处，待拉力计指针指示在标准拉力（30m，100N）时，由后尺手发出"预备"口令，两人拉稳尺子，由前尺手喊"好"，前、后尺手在此瞬间同时读数，估读至 0.5mm，记录员依次记入观测手簿，用尺末端读数减尺首端读数，即得两桩点间斜距。

前后移动钢尺约 10cm，依同法再次丈量，每一尺段丈量三次，由三组读数所算得的长度之差不应超过 3mm，否则应重测。如在限差之内，取三次丈量的平均值作为该尺段的观测成果。每一尺段应测定温度一次，估读至 0.5℃。同法丈量至终点完成往测。然后应立即依次完成返测。如图 3-9 所示。

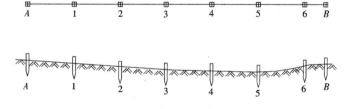

图 3-9　精密量距

3．改正数计算（单位：m）

（1）尺长改正数为：

$$\Delta L_d = \frac{\Delta L}{L_0} \times L \tag{3-5}$$

式中　L——实际量测长度（m）。

（2）温度改正数为：

$$\Delta L_t = \alpha(t - t_o)L \tag{3-6}$$

（3）倾斜（高差）改正数为：

$$\Delta L_\text{h} = - \frac{h^2}{2 \times L} \tag{3-7}$$

式中 h——测点间高差（m）。

4. 全长计算

$$D = \Delta L_\text{d} + \Delta L_\text{t} + \Delta L_\text{h} \tag{3-8}$$

相对误差在限差范围之内，取往、返测的平均值作为丈量的结果，否则，应重测。钢尺丈量手簿见表 3-1。

例：原始数据见表 3-1。

$$D_{往1} = \left[28.3213 + (-0.00472) + 0.00003 + (-0.01052) \right]\text{m} = 28.3268\text{m}$$

$$D_{返1} = \left[28.3302 + (-0.00472) + 0.00020 + (-0.00596) \right]\text{m} = 28.3316\text{m}$$

该段距离平均值

$$D_{平均1} = \frac{1}{2}(28.3268 + 28.3316)\text{m} = 28.3292\text{m}$$

该段相对误差为：

$$K = \frac{\mid 28.3268 - 28.3316 \mid}{28.3292} \approx \frac{1}{5901} < \frac{1}{5000}$$

符合精度要求，则取往返测的平均值为最终丈量结果。其余各段测量及计算过程同上。整个测量工作结束后需要计算出改正后距离累积和及其全长相对误差。

精密量距记录计算表　　　　　　　　　　　　　　　　　　　　　　　　表 3-1

| 钢尺号码： | | 钢尺膨胀系数： | | 钢尺检定时温度： | | 计算者： | | | | |
| 钢尺名义长度： | | 钢尺检定长度： | | 钢尺检定时拉力： | | 日期： | | | | |
尺段编号	实测次数	前尺读数（m）	后尺读数（m）	尺段长度（m）	温度	高差（m）	温度改正数（mm）	尺长改正数（mm）	倾斜改正数（mm）	改正后尺段长（m）
第一测段往测	1	29.5284	1.2015	28.3269	19.1	0.772	0.3	−47.2	−105.2	28.3268
	2	29.6443	1.3254	28.3189						
	3	29.7141	1.3910	28.3231						
	平均			28.3213						
…	…	…	…	…	…	…	…	…	…	…
第一测段返测	1	29.8375	1.5189	28.3186	20.6	−0.581	2.0	−47.2	−59.6	28.3316
	2	29.7363	1.3952	28.3411						
	3	29.5849	1.2540	28.3309						
	平均			28.3302						
平均										28.3292
…	…	…	…	…	…	…	…	…	…	…

$30 - 0.005 + 1.20 \times 10^{-5} \times 30 \times (t - 20℃)$

五、倾斜地面距离的丈量方法

常用的倾斜地面的距离丈量方法有平量法和斜量法两种，同平坦地面的距离丈量一样，根据需要应先进行直线定线。

（一）平量法

如图 3-10 所示，当地面坡度或高低起伏较大且起伏不均匀时，可采用平量法丈量两点间距离。丈量时，后尺手将钢尺的零点对准地面点 A，前尺手沿 AB 直线将钢尺前端抬高，必要时尺段中间有一人托尺，目估使尺子水平，在抬高的一端用垂球绳紧靠钢尺上某一刻划，垂球尖投影在地面上，调整前端高低，使尺子水平后，在垂球尖的投影点处插以测钎，得 1 点。此时垂球线在尺子上指示的读数即为该两点间

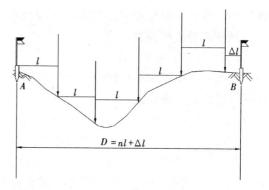

图 3-10　平量法

的水平距离，同法继续丈量其余各尺段。当丈量至终点时，应注意垂球尖必须对准终点。为了方便丈量，一般平量法往返测均应由高向低丈量。精度符合要求后，取往返丈量之平均值作为最后结果。

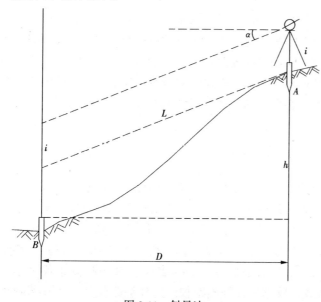

图 3-11　斜量法

（二）斜量法

当倾斜地面的坡度较大且变化较均匀，如图 3-11 所示，先沿斜坡丈量出倾斜地面 AB 间的倾斜距离 L 后，测出 AB 间的高差 h 或直线 AB 的倾角 α，利用数学公式计算出倾斜地面上 AB 间的水平距离。

$$D = \sqrt{L^2 - h^2} \qquad (3\text{-}9)$$
$$或 \quad D = L \cdot \cos\alpha \qquad (3\text{-}10)$$

六、钢尺量距误差及注意事项

由于测量工作是在野外进行，所以不可避免地存在系统误差和偶然误差，钢尺量距也是如此，其误差来源主要有钢尺本身的误差，如尺长误差；测量人员的误差，如拉力误差、钢尺不水平的误差、定线误差、丈量本身误差等；外界环境的影响，如温度变化等。下面简要分析这些误差在距离丈量中对成果的影响及为消除或减小这些误差而应采取的主要措施。

（一）尺长误差

测量工作开始前必须对所用钢尺进行检定以求得尺长改正数。尺长误差属于系统误差，在测量过程中具有系统累积性，与所量距离成正比。在一般丈量中，当尺长误差的影响不大于所量直线长度的 1/10000 时，可不考虑此影响。否则，要进行尺长改正。

（二）拉力误差

钢尺长度随拉力的增大而变长，当量距时对钢尺施加的拉力与检定时的拉力不同时，会使钢尺的实际长度与名义长度不一致而产生此类误差。因此，量距时应施加检定时的标

准拉力。但在一般丈量时，只要用手保持拉力均匀即可满足精度要求，而作较精确丈量时，须使用弹簧秤控制拉力。

（三）尺子不水平的误差

此类误差是指水平量距时，钢尺不水平而引起的误差。在一般距离测量中，目估钢尺水平可以满足精度要求。

（四）定线误差

当两点间的距离超过一个整尺段时，需要进行直线定线。若定线不准，则所要量的直线就变成了一条折线，使得实际丈量距离增长。这一误差类似于丈量过程中钢尺不水平所产生的误差，钢尺不水平的误差是在竖直面内产生的偏差，而定线误差是在水平面内产生的偏差。实践证明，对于一般量距时用目估定线可满足精度要求。

（五）丈量本身误差

如钢尺两端点刻划与地面标志点未对准所产生的误差、插测钎误差、估读误差等都属此类误差。这一误差属偶然误差，无法完全消除，作业时应认真仔细、严格对点。

（六）温度变化误差

钢尺是由薄钢片制成，随着外界气温的变化会发生微小的热胀冷缩而使钢尺的实际长度和名义长度不一致，由此给测量成果带来误差。当量距时的温度与检定温度不同时，则会产生此类误差，因此，精密量距时需要进行温度改正。需要指出的是，丈量时的空气温度与地面温度往往是不一样的，尤其是夏天在水泥地面上丈量时，尺子和空气的温度相差很大，一般量距时，为减小这一误差的影响，宜选择在温度变化较小的阴天进行。

第三节　光电测距仪测距

钢尺量距劳动强度大，工作效率低，不易满足精度要求。当地形条件较复杂或是所要丈量的距离较长时，钢尺量距非常困难，甚至无法进行。随着光电技术的发展，出现了以红外光、激光、电磁波为载波的光电测距仪以及现在普及率很高的全站仪。与传统的钢尺量距相比，光电测距或全站仪测距具有精度高、作业效率高、受地形影响小等优点。测距仪按测程分为远程测距仪（大于 25km）、中程测距仪（10～25km）和短程测距仪（小于10km）。短程测距仪常以红外光作载波，故称为红外测距仪。红外测距仪采用半导体砷化镓（GaAs）发光二极管作为光源。该类二极管具有体积小、亮度高、功耗低、寿命长等优点，并且能连续发光，加载交变电压后，可直接发射调制光波。因此，红外测距仪适用于各种工程测量和地形测量中的距离测量。而全站仪也由于其集测边、测角和测高差等功能于一身而被更广泛地应用于工程测量和地形测量中。

一、测距原理

如图 3-12 所示，欲测定 A、B 两点间的距离 D，在 A 点安置测距仪或全站仪，在 B 点安置反光棱镜。由 A 点测距仪发射光波，该光波经 B 点反光棱镜反射回 A 点被测距仪（或全站仪）接收。光波在空气中的传播速度 c 是已知的，设光波在 A、B 两点间的往返传播时间为 t，可按下式求出 A、B 两点间的距离 D：

$$D = \frac{c \times T}{2} \tag{3-11}$$

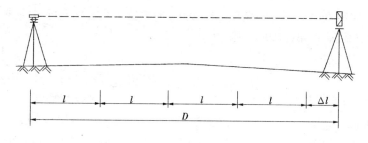

图 3-12　光电测距原理

由式（3-11）可知，只要测定出光波在 A、B 之间往返传播时间 t，便可求出距离 D。根据测定时间 t 的方法的不同，测距仪又分为脉冲式测距仪和相位式测距仪两种。

脉冲式测距仪由于其时间测定装置的精度难以大幅度提高而逐渐被相位式测距仪取代。

RED2L 红外光电测距仪，如图 3-13 所示，是一种相位式测距仪。它通过测定发射的调制光波与接收到的光波的相位位移来间接测定时间 t，从而求得距离 D。为便于说明问题，将反射光波沿测线展开成图 3-14 形状。

$$D = N \times \frac{\lambda}{2} + \Delta N \times \frac{\lambda}{2} \tag{3-12}$$

式（3-12）为相位法测距的基本公式。

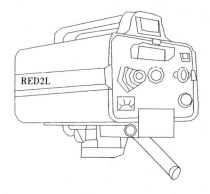

图 3-13　红外光电测距仪

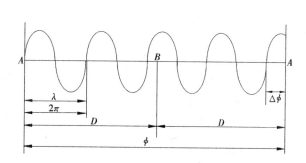

图 3-14　相位波形图

由式（3-12）知，要测出距离 D，除知道光尺的波长 $\lambda/2$ 外，还必须知道光尺的整尺段数 N。然而，在相位式测距仪内，用于测定相位变化的相位计只能测出 $0 \sim 2\pi$ 之间的相位变化，或者说只能测出相位变化的尾数 $\Delta\phi$，而不能测出整周期数 N。这样测得的距离只是余长而非总长。解决的方法是设计长光尺，使所测距离 D 小于光尺的一整尺长，即让 $N = 0$，由式（3-12）知，这样测出的距离便是 D。利用长光尺虽然可以解决测程问题，但却解决不了测距精度问题。这是因为光测尺越长，其误差越大。如光尺为 10m 时，测距精度为 ± 0.01m；光尺为 150m 时，测距精度为 ± 1m。为兼顾测程与精度，目前测距仪常采用多个调制频率（即几个尺子）进行测距。如短光尺（称精尺）测定米及以下长度，以保证测距精度，用长光尺测定 10m 及以上长度，以保证测程。两者结合起来用以测定全长，其计算工作是由仪器自动完成的。例如，对 1km 测程的红外测距，可使用频率为 15MHz 作为精尺（尺长为 10m），测定距离的米、分米、厘米数值，使用频率为 150kHz 作为粗尺（尺长为1000m），测定距离的10、100m的数值。两者结合即可完成1km以内的测距工作。如实测距离为931.759m，则：

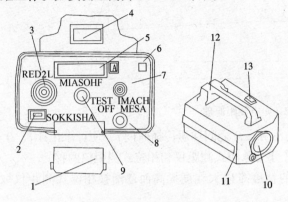

图 3-15　测距仪操作面板

1—内部电池；2—光强表；3—望远镜；4—SF₂连接口；5—显示器；6—音响开关；7—气象修正；8—模式变换旋钮；9—测量键；10—物镜；11—数据输出键；12—把手；13—棱镜常数旋钮

精尺显示：1.759m；粗尺显示：93m；仪器显示：931.759m。

二、测程及精度

测程：单块棱镜：3.8km；三块棱镜：5.0km；最小读数1mm。

标称精度 ± $(5 + 3 \times 10^{-6} \cdot D)$ mm

跟踪测量：0.5s。

测量时间连续测量：6s。

使用温度：$-20 \sim +50℃$。

三、仪器结构

RED2L测距仪主要包括：测距仪主机、反光镜、电源等。如图3-15所示为测距仪的操作面板。通过主机上的 SF₂ 换算器插座（8）与SF₂换算器（如图3-16所示）接续，可完成平距测量、高差测量、坐标测量、放样测量等多种测量工作。

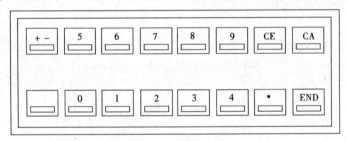

图 3-16　SF₂ 换算器

四、测量方法

（一）斜距测量

步骤1：在测站上安置经纬仪，对中、整平。通过连接件将测距仪主机安装于经纬仪上。在直线另一端点镜站上安置反光棱镜，对中、整平棱镜，并用粗瞄器将棱镜对准测距仪。

步骤2：装上电池后用测距仪望远镜照准反光棱镜，如图3-17所示。

步骤3：将测量模式变换旋钮4从OFF位置置于"TEST"（自检校）位，仪器开始自检。显示屏分别出现"BAT OK"、"TEST OK"字样表示仪器正常，自检完成，接着显示"M-30 45"形式的字样，表明棱镜常数为"–30mm"，气象改正数为"45×10^{-6}"。

步骤4：自检完成后，将测量模式变换旋钮4置于"MEAS（测量）"位。按下测量按钮5（MEASURE）后开始测量斜距，约6s后显示测得的距离值。

步骤5：停止测量再次按下测量键5即可。

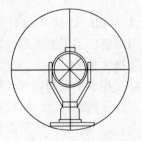

图 3-17　反光棱镜

（二）平距测量和高差测量

RED2L 主机装配上 SF_2 换算器后可自动进行水平距离测量和高差测量，其操作方法如下：

步骤 1：安置仪器、镜站、并进行仪器自检，方法同斜距测量 1~3 步。

步骤 2：将模式变换旋钮 4 置于 MEAS 位，按下 SF_2 的竖直角输入键（数字 0 键），显示屏显示"VANG"字样，此时可小数形式输入竖直角。如 5°5′18″，须输入 5.0518，然后按下"END"键结束输入。

步骤 3：按下水平距离测量键（数字键 7），屏幕显示"H DIST"，开始进行平距测量，约 6s 后显示水平距离。若按下"STOP"键，则停止测量。

步骤 4：按下斜距测量键（数字 6 键），屏幕显示"Z DIST"，开始进行斜距测量。若按下"STOP"键则停止测量。

步骤 5：按下高差测量键（数字 8 键），屏幕显示 [V DIST] 开始进行高差测量，若按下"STOP"键则停止测量。

步骤 6：在按下"STOP"键停止测量后，若需重新呼出本次测量的平距、高差和斜距，可按相应的数字键。如再按下"7"呼出平距，按下"8"呼出高差等。坐标测量、放样测量可参考 RED2L 使用说明书。

（三）使用光电测距时的注意事项

（1）红外测距仪 RED21 是一种精密仪器，在使用时应防止冲击与振动。

（2）搬运仪器时，应注意防潮、防震。应将主机箱装入防震木箱中，要轻拿轻放，避免摔伤和跌落。

（3）测距完毕应立即关机，切忌带电搬动。在测量现场移动时，应把 RED2L 从经纬仪上取下后放入箱中再移动。

（4）同经纬仪一样，测距仪要避免太阳光直射或雨淋，应避免在强阳光下或下雨时使用，晴天观测时应给仪器打伞，以防止损坏光敏二极管。

（5）在测距时，应避免在同一条测线上有两个以上反射体及其他明亮物体，以减小背景干扰，避免仪器出错而引起较大的测量误差。

（6）避免在高压线下作业。

（7）测距应在光强"绿色区"进行，以免仪器出错。

（8）测距仪使用过程中，显示屏中上方出现字符 BATLOW，报警仪器电压不足，应停止使用，及时更换电池或给电池充电。

（9）不使用仪器时应关闭电源，长期不使用时，应将电池取出。

五、设置仪器自动修正值

光电测距仪在进行距离测量时，需设置以下两项修正值。

（一）气象修正

仪器设计时其测尺长度是假定大气温度和大气压力为某一数值下计算得到的，而决定测尺长度的光速受气温和气压的影响而变化，因此实际作业时须对测距值进行气象值修正。各测距仪厂家均提供气象修正值计算公式。RED2L 红外测距仪的气象修正系数按下式计算。

$$X = 278.96 - \frac{0.3872P}{1 + 0.003661t} \tag{3-13}$$

式中　X——气象修正系数值（10^{-6}）；

　　　P——测距时的大气压（mmHg，1mmHg = 133.322Pa）；

　　　t——测距时的大气温度（℃）。

将所测得的距离乘以所计算的气象修正系数即得气象改正数。

$$\Delta L = X \times L \tag{3-14}$$

气象修正值也可随仪器提供的气象修正表查找。设置时，旋转气象修正旋钮3，置位于所需的值即可。

（二）棱镜常数修正

棱镜常数改正包括乘常数改正和加长数改正。将测距仪进行检定，可得测距仪的乘常数 R 和加长数 K，对于观测值为 L 的距离，其棱镜改正值为：

$$\Delta L = K + R \times L \tag{3-15}$$

第四节　直线定向

在实际测量工作中，往往要判定一条直线所在的位置，并且要区分不同直线间的相对位置。确定一条直线的方向的工作称为直线定向。直线定向的方法是：确定直线与标准方向间的关系。下面介绍有关直线定向的内容。

一、标准方向的分类

如图 3-18 所示，测量工作中常用的标准方向分为以下三类：

（一）真子午线方向

通过地球表面某点，指向地球南北极的方向线，称为该点的真子午线方向。真子午线方向是用天文测量的方法或用陀螺经纬仪测定的。

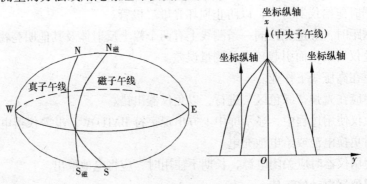

图 3-18　标准方向

（二）磁子午线方向

磁针在地面某点自由静止时所指的方向，就是该点的磁子午线方向，磁子午线方向可用罗盘仪测定。由于地球的南北两磁极与地球南北极不一致（磁北极约在北极 74°、西经 110°附近；磁南极约在南纬 69°、东经 114°附近），因此，地面上任一点的磁子午线方向与真子午线方向也不一致，两者间的夹角称为磁偏角。地面上点的位置不同，其磁偏角也是不同的。以真子午线为标准，磁子午线北端偏向真子午线以东称为东偏，规定其方向为"＋"；反之，若磁子午线北端偏向真子午线以西称为西偏，规定其方向为"－"。

（三）坐标纵线方向

测量平面直角坐标系中的坐标纵轴（x 轴）方向线，称为该点的坐标纵线方向。

二、直线方向的表示方法

（一）方位角

在同一水平面内，由标准方向的北端起，顺时针方向量到某一直线的夹角，称为该直线的方位角。从 0～360°恒为正值。直线的标准方向有三种，因此，直线的方位角也有三种，如图 3-19 所示。

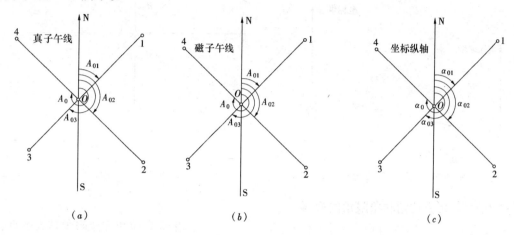

图 3-19　方位角

1. 真方位角

在同一水平面内，由真子午线方向的北端起，顺时针量到某直线间的平夹角，称为该直线的真方位角，一般用 A 表示，取值范围 0°～360°。如图 3-19（a）所示，$A_{01} = 30°$、$A_{02} = 120°$、$A_{03} = 210°$、$A_{04} = 300°$分别表示不同四个象限的方向线 01、02、03、04 的真方位角。

2. 磁方位角

在同一水平面内，由磁子午线方向的北端起，顺时针量至某直线间的夹角，称为该直线的磁方位角，用 AM 表示，取值范围 0°～360°。如图 4-19（b）所示，A_{01}、A_{02}、A_{03}、A_{04}分别表示 01、02、03、04 四个不同象限的方向线的磁方位角。

3. 坐标方位角

在同一水平面内，由坐标纵线方向的北端起，顺时针量至某直线间的夹角，称为该直线的坐标方位角，简称方位角，用 α_{AB} 表示，取值范围 0°～360°。如图 3-19（c）所示，α_{01}、α_{02}、α_{03}、α_{04}分别表示 01、02、03、04 四条不同象限的方向线的坐标方位角。直线 AB 和直线 BA 表示的是同一条直线的不同两个方向，其坐标方位角 α_{AB}、α_{BA}互称为正、反坐标方位角，如图 3-20 所示，其相互关系为：

$$\alpha_{AB} = \alpha_{BA} \pm 180° \tag{3-16}$$

（二）象限角

直线的方向，有时也采用小于 90°的锐角及其所在象限来表示。在同一水平面内，由标准方向的北端或南端起，顺时针或逆时针方向量至该直线间所夹的锐角，并标明直线所在象限，称为该直线的象限角，以 R_{AB} 表示，取值范围 0° ~ 90°。如图 3-21 所示，直线 R_{AB}、R_{AC}、R_{AD}、R_{AE} 的象限角分别为 $R_{AB} = 45°$（北偏东），$R_{AC} = 45°$（南偏东），$R_{AD} = 45°$，（南偏西）及 $R_{AE} = 45°$（北偏西）。

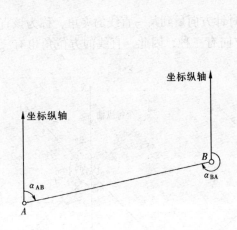

图 3-20　正反坐标方位角

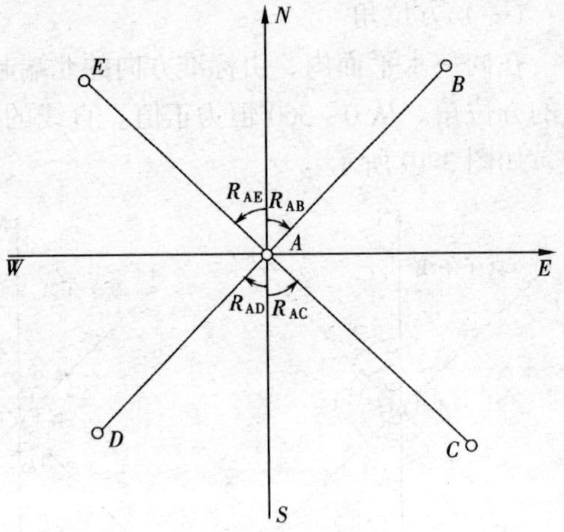

图 3-21　象限角

（三）坐标方位角和象限角的换算关系

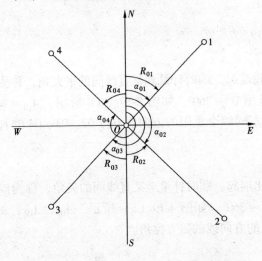

图 3-22　坐标方位角与象限角的关系

坐标方位角和象限角是表示直线方向的两种方法。由图 3-22 可以看出坐标方位角与象限角之间的换算关系，换算结果见表 3-3。

坐标方位角与象限角间的
换算关系表　　表 3-2

角度\象限	坐标方位角	象限角
第一象限	$\alpha_{01} = R_{01}$	$R_{01} = \alpha_{01}$
第二象限	$\alpha_{02} = 180° - R_{02}$	$R_{02} = 180° - \alpha_{02}$
第三象限	$\alpha_{03} = 180° + R_{03}$	$R_{03} = \alpha_{03} - 180°$
第四象限	$\alpha_{04} = 360° - R_{04}$	$R_{AB} = 360° - \alpha_{04}$

思 考 题 与 习 题

1. 水平距离的定义是什么？用于距离测量的仪器和工具主要有哪些？
2. 距离测量的方法有哪些？它们的精度如何？
3. 什么是直线定线？直线定线有哪几种方法，各在何种情况下应用？
4. 精密量距的方法和普通量距的方法有什么区别？试叙精密量距的测量步骤和过程。

5. 完成表 3-3 中精密量距的计算过程并计算其相对误差，尺长方程式：

$$30 + 0.007 + 1.25 \times 10^{-5} \times 30 \times (t - 20℃)$$

6. 什么是直线定向？直线定向时的标准方向有哪些？

7. 怎样确定直线的方向？什么叫坐标方位角？正反坐标方位角之间有什么关系？

8. 什么叫象限角？象限角与坐标方位角之间如何转换？

9. 设已测得各直线的坐标方位角分别为 45°12′35″、155°33′18″、235°24′36″ 和 350°44′18″，试分别求出它们的象限角和反坐标方位角。

10. 根据图 3-23 中给定的条件，推算其余各未知边的坐标方位角。

精密量距记录计算表

表 3-3

| 钢尺号码： | | 钢尺膨胀系数： | | | 钢尺检定时温度： | | 计算者： | | | |
| 钢尺名义长度： | | 钢尺检定长度： | | | 钢尺检定时拉力： | | 日期： | | | |

尺段编号	实测次数	前尺读数	后尺读数	尺段长度	温 度	高 差	温度改正数	尺长改正数	倾斜改正数	改正后尺段长
往 测	1	29.628	1.190		19	0.571				
	2	28.693	0.263		20	1.039				
	3	28.914	0.334		21	−0.591				
	平均									
返 测	1	29.838	1.343		21	−0.448				
	2	29.094	0.717		20	1.179				
	3	29.584	1.211		19	0.639				
	平均									
D =					*K* =					

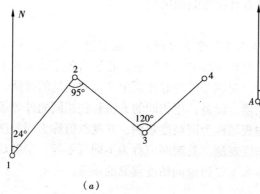
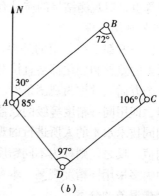

图 3-23 推算坐标方位角

第四章　测量误差基本知识

第一节　概　述

测量工作的实践表明，对某一客观存在的量，如地面某两点之间的距离或高差、某三点构成的水平角等，尽管采用了合理的观测方法和合格的仪器，且测量人员的工作态度是认真负责的，但是多次重复测量的结果总是有差异，这说明观测值中不可避免地存在着测量误差。

一、测量误差的来源

产生测量误差的原因很多，其来源概括起来有以下三方面：

（一）测量仪器

测量工作中要使用测量仪器。任何仪器只具有一定限度的精密度，使观测值的精密度受到限制。例如，在用只刻有厘米分划的普通水准尺进行水准测量时，就难以保证估读的毫米值完全准确。同时，仪器制造和校正不可能十分完善，导致观测精度受到影响，使观测结果产生误差。

（二）观测者

由于观测者的感官的鉴别能力有一定的局限，所以在仪器的安置、使用中都会产生误差，如整平误差、照准误差、读数误差等。同时，观测者的工作态度、技术水平和观测时的身体状况等也是对观测结果的质量有直接影响的因素。

（三）外界环境条件

测量工作一般都是在一定的外界环境条件下进行的，如温度、风力、大气折光等因素，这些因素的差异和变化都会直接对观测结果产生影响，必然给观测结果带来误差。

上述三个方面通常称为观测条件。观测条件的好坏决定了观测质量的高低，在相同的观测条件下，即用同一精度等级的仪器、设备，用相同的方法和在相同的外界条件下，由具有大致相同技术水平的人所进行的观测称为同精度观测，其观测值称为同精度观测值或等精度观测值。反之，则称为不同精度观测，其观测值称为不同（不等）精度观测值。在工程测量中大多采用同精度观测。本章主要讨论同精度观测的误差。

二、测量误差的分类

按测量误差对测量结果影响性质的不同，可将测量误差分为系统误差和偶然误差两大类。

（一）系统误差

在一定观测条件下的一系列观测值中，其误差大小、正负号均保持不变或按一定规律变化的测量误差，称为系统误差。例如，将某一名义长度为 30m 的钢尺与标准尺进行比较，其尺长误差为 3mm，用该尺丈量 150m 的距离，就会有 15mm 的误差；若丈量 300m，就有 30mm 的误差。就一段而言，其误差为常数，就全长而言，它与丈量的长度成正比。

系统误差具有累积性，它随着单一观测值观测次数的增多而积累。系统误差的存在必将给观测成果带来系统的偏差，反映了观测结果的准确度。准确度是指观测值对真值的偏离程度或接近程度。

为了提高观测成果的准确度，首先要根据数理统计的原理和方法判断一组观测值中是否含有系统误差，其大小是否在允许的范围以内；然后采用适当的措施消除或减弱系统误差。例如，用钢尺量距时，通过对钢尺的检定求出尺长改正数，对观测结果加以改正；水准测量时，采用前、后视距相等的对称观测，以消除由于视准轴不平行于水准管轴所引起的系统误差；经纬仪测角时，采用盘左、盘右两个观测值取中数的方法可以消除视准轴误差等系统误差的影响。

（二）偶然误差

在一定观测条件下的一系列观测值中，其误差大小、正负号不定，但符合统计规律的测量误差称为偶然误差，也称为随机误差。例如，用经纬仪测角时，就单一观测值而言，由于受照准误差、读数误差、外界条件变化所引起的误差、仪器自身不完善引起的误差等综合因素的影响，测角误差的大小和正负号都不能预知，即具有偶然性。所以测角误差属于偶然误差。

偶然误差反映了观测结果的精密度。精密度是指在同一观测条件下，用同一观测方法对某量多次观测时，各观测值之间相互的离散程度。

在测量工作中，还可能产生粗差，也称错误，在一定观测条件下的一系列观测值中，超过标准差规定限差的测量误差称为粗差，是由于观测者使用仪器不正确或疏忽大意，如测错、读错、听错、算错等造成的错误，或因外界条件发生意外的显著变动引起的差错。粗差的数值往往偏大，使观测结果显著偏离真值。因此，一旦发现含有粗差的观测值，应将其从观测成果中剔除出去。一般地讲，只要严格遵守测量规范，工作中仔细谨慎，并对观测结果作必要的检核，粗差是可以避免和发现的。

在观测过程中，系统误差和偶然误差往往是同时存在的。当系统误差采取了适当的观测和计算方法被消除或减少时，观测成果的误差主要呈现出偶然的性质。因此，测量误差理论主要讨论在具有偶然误差的一系列观测值中如何求得最可靠的结果和评定观测成果的精度。为此，需要对偶然误差的性质作进一步的讨论。

（三）偶然误差的特性

设某一量的真值为 X，对此量进行 n 次观测，得到的观测值为 l_1，l_2，$\cdots$，l_n，在每次观测中产生的偶然误差（又称"真误差"）为 Δ_1，Δ_2，$\cdots$，Δ_n，则定义

$$\Delta_i = X - l_i \quad (i = l,2,\cdots,n) \tag{4-1}$$

从单个偶然误差来看，其符号的正负和数值的大小没有任何规律性。但是，随着观测的次数增加，偶然误差呈现一定的统计规律性，观测次数越多，进行统计的数量越大，规律性也越明显。下面，结合某观测实例，用统计方法进行分析。

在相同的观测条件下共观测了 358 个三角形的全部内角。由于每个三角形内角之和的真值（180°）为已知，因此，可以按式（4-1）计算每个三角形内角之和的偶然误差 Δ_i（三角形闭合差），将它们分为负误差、正误差和误差绝对值，按绝对值由小到大排列次序。以误差区间 $d\Delta = 3''$ 进行误差个数 k 的统计，并计算其相对个数 k/n（$n = 358$），k/n 称为误差出现的频率。偶然误差的统计见表 4-1。

误差区间 dΔ (″)	负 误 差		正 误 差		误差绝对值	
	k	k/n	k	$k/n.$	k	k/n
0~3	45	0.126	46	0.128	91	0.254
3~6	40	0.112	41	0.115	81	0.226
6~9	33	0.092	33	0.092	66	0.184
9~12	23	0.064	21	0.059	44	0.123
12~15	17	0.047	16	0.045	33	0.092
15~18	13	0.036	13	0.036	26	0.073
18~21	6	0.017	5	0.014	11	0.031
21~24	4	0.011	2	0.006	6	0.017
24 以上	0	0	0	0	0	0
Σ	181	0.505	177	0.495	358	1.000

从表 4-1 的统计中，可以归纳出偶然误差的特性如下：

(1) 在一定观测条件下的有限次观测中，偶然误差的绝对值不会超过一定的限值；

(2) 绝对值较小的误差出现的频率大，绝对值较大的误差出现的频率小；

(3) 对绝对值相等的正、负误差具有大致相等的频率；

(4) 当观测次数无限增大时，偶然误差的理论平均值趋近于零，即偶然误差具有抵偿性。用公式表示为：

$$\lim_{n \to \infty} \frac{\Delta_1 + \Delta_2 + \cdots + \Delta_n}{n} = \lim_{n \to \infty} \frac{[\Delta]}{n} = 0$$

式中 [　] 表示取括号中数值的代数和。

由以上分析可以看出，测量误差是不可避免的，而我们研究误差的目的在于求出未知量的最可靠值，并衡量其精度。实践证明，偶然误差不能用一定的观测方法或计算改正简单地加以消除，只能根据其特性合理地处理观测数据，以减少偶然误差对测量成果的影响。

第二节　观测精度的衡量标准

精度又称精密度，它是指在对某一量的多次观测中，各个观测值之间的离散程度。若观测值非常集中，则精度高；反之，则精度低。由于精度主要取决于偶然误差，这样就可把在相同观测条件下得到的一组观测误差排列起来，进行比较，以确定精度高低。例如，有两组对同一个三角形的内角各做十次观测，其真误差列于表 4-2 中。

由表中数据可以看出，第一组的偶然误差较第二组分布为密集，故第二组观测精度较低。但在实际中这样做很麻烦，也很困难。为了使人们对精度有一数字概念，并且使该数字能反映误差的密集或离散程度，易于正确比较每个观测值的精度，通常用下列几种指标，作为衡量精度的标准。

第 一 组 观 测			第 二 组 观 测		
次 序	观测值 l	真误差 Δ''	次 序	观测值 l	真误差 Δ''
1	180° 00′03″	−3	1	180° 00′00″	0
2	180° 00′02″	−2	2	179° 59′59″	+1
3	179° 59′58″	+2	3	180° 00′07″	−7
4	179° 59′56″	+4	4	180° 00′02″	−2
5	180° 00′01″	−1	5	180° 00′01″	−1
6	180° 00′00″	0	6	179° 59′59″	+1
7	180° 00′04″	−4	7	179° 59′52″	+8
8	179° 59′57″	+3	8	180° 00′00″	0
9	179° 59′58″	+2	9	179° 59′57″	+3
10	180° 00′03″	−3	10	180° 00′01″	−1
	Σ| |	24		Σ| |	24

一、中误差

在相同条件下，对某一量（真值为 x）进行 n 次观测，观测值 l_1，l_2，…，l_n，偶然误差（真误差）Δ_1，Δ_2，…，Δ_n，则中误差可由各真误差平方的平均值进行计算，用 m 表示，用来衡量观测值精度的高低，定义式为：

$$m = \pm\sqrt{\frac{[\Delta\Delta]}{n}} \tag{4-2}$$

式中 $[\Delta\Delta] = \Delta_1^2 + \Delta_2^2 + \cdots + \Delta_n^2, \Delta_i = l_i - x$

【例 4-1】 根据表 4-2 中的数据，分别计算各组观测值的中误差。

【解】 第一组观测值的中误差为：

$$m_1 = \pm\sqrt{\frac{(-3)^2 + (-2)^2 + 2^2 + 4^2 + (-1)^2 + 0^2 + (-4)^2 + 3^2 + 2^2 + (-3)^2}{10}} = \pm 2.7''$$

第二组观测值的中误差为：

$$m_2 = \pm\sqrt{\frac{0^2 + 1^2 + (-7)^2 + (-2)^2 + (-1)^2 + 1^2 + 8^2 + 0^2 + 3^2 + (-1)^2}{10}} = \pm 3.6''$$

由此可见，第二组观测值的中误差 m_2 大于第一组观测值的中误差 m_1。虽然这两组观测值的误差绝对值之和是相等的，但是在第二组观测值中出现了较大的误差（−7″，+8″)因此，计算出来的中误差就较大，说明第一组的观测精度高于第二组的精度。

由中误差的定义可以看出中误差与真误差之间的关系，中误差不等于真误差，它仅是一组真误差的代表值，用它来表明一组观测值的精度，故通常把 m 称为观测值中误差。

二、相对误差

中误差和真误差都是绝对误差。在衡量观测值精度的时候，单纯用绝对误差有时还不能完全表达精度的高低。例如，分别测量了长度为 100m 和 200m 的两段距离，中误差皆为 ±0.02m。显然不能认为两段距离测量精度相同。此时，为了客观地反映实际精度，必须引入相对误差的概念。相对误差 k 是中误差 m 的绝对值与相应观测值 D 的比值。它是一个无名数，常用分子为 1 的分式表示：

$$k = \frac{|m|}{D} = \frac{1}{D/|m|}$$

式中当 m 为中误差时，k 称为相对中误差。在上述例中用相对误差来衡量，就可容易地看出，后者比前者精度高。相对误差是相对真误差，它反映往、返测量的符合程度。显然，相对误差愈小，观测结果愈可靠。

还应该指出，用经纬仪测角时，不能用相对误差来衡量测角精度，因为测角误差与角度大小无关。

三、容许误差

由偶然误差的特性 1 可知，在一定的观测条件下，偶然误差的绝对值不会超过一定的限值。这个限值就是极限误差。我们知道，中误差是衡量观测精度的一种指标，它不能代表个别观测值真误差的大小，但从统计意义上来讲，它们却存在着一定的联系。

表 4-3 列出由观测的 40 个三角形各自内角和计算的真误差，由此可算出观测值的中误差。

真 误 差 统 计　　　　　　　　　　　　　　　　　　表 4-3

三角形号数	真误差 Δ''	三角形号数	真误差 Δ''	三角形号数	真误差 Δ''	三角形号数	真误差 Δ''
1	+ 1.5	11	− 13.0	21	− 1.5	31	− 5.8
2	− 0.2	12	− 5.6	22	− 5.0	32	+ 9.5
3	− 11.5	13	+ 5.0	23	+ 0.2	33	− 15.5
4	− 6.6	14	− 5.0	24	− 2.5	34	+ 11.2
5	+ 11.8	15	+ 8.2	25	− 7.2	35	− 6.6
6	+ 6.7	16	− 12.9	26	− 12.8	36	+ 2.5
7	− 2.8	17	+ 1.5	27	+ 14.5	37	+ 6.5
8	− 1.7	18	− 9.1	28	− 0.5	38	− 2.2
9	− 5.2	19	+ 7.1	29	− 24.2	39	+ 16.5
10	− 8.3	20	− 12.7	30	+ 9.8	40	+ 1.7

$$m = \pm\sqrt{\frac{[\Delta\Delta]}{n}} = \pm\sqrt{\frac{3252.68''}{40}} = \pm 9.0''$$

从表 4-3 中可以看出，真误差的绝对值大于中误差 9″ 的有 14 个，占总数的 35%；绝对值大于两倍中误差的只有一个，占总数的 2.5%；而绝对值大于三倍中误差的没有出现。表中所列真误差个数是有限的。根据误差理论和大量的实践证明：绝对值大于中误差的偶然误差约占总数的 32%；绝对值大于两倍中误差的约占总数的 5%；而绝对值大于三倍中误差的仅占 0.3%。因此，在测量实践中，通常以三倍中误差作为偶然误差的容许值，即：

$$\Delta_{容} = 3m \tag{4-3}$$

在现行规范中，往往提出更严格的要求，而以两倍中误差作为容许误差，即：

$$\Delta_{容} = 2m \tag{4-4}$$

第三节　误差传播定律

在实际测量工作中，有些量往往不是直接观测值，而是与直接观测值构成函数关系计算出来，这些量称为间接观测值。如用水准仪测量 A、B 两点的高差 $h = a - b$，读数 a、

b 是直接观测值，h 是 a、b 的函数，a、b 的误差必然影响 h 而产生误差。阐述独立观测值中误差与函数中误差之间关系的定律，称为误差传播定律。

下面按不同的函数关系分别讨论如下。

一、观测值的线性函数的中误差

设有线性函数：

$$z = k_1 x_1 \pm k_2 x_2 \pm k_3 x_3 \pm \cdots \pm k_n x_n \qquad (4-5)$$

即线性函数的中误差为：

$$m_z = \pm \sqrt{k_1^2 m_1^2 + k_2^2 m_2^2 + k_3^2 m_3^2 + \cdots + k_n^2 m_n^2} \qquad (4-6)$$

由此可知，线性函数中误差等于各常数与相应观测值中误差乘积平方和的平方根。

二、倍函数的中误差

如果某线性函数只有一个自变量：

$$z = kx \qquad (4-7)$$

则成为倍函数。式（4-5）和式（4-11）的倍函数的中误差为：

$$m_z = \pm k m_x \qquad (4-8)$$

【例 4-2】 在比例尺为 1:500 的地形图上量得某两点间的距离 $d = 134.7$mm，图上量距的中误差 $m_d = \pm 0.2$mm，求换算为实地两点间的距离 D 及其中误差 m_D。

【解】
$$D = 500 \times 134.7\text{mm} = 67.35\text{m}$$
$$m_D = 500 \times (\pm 0.2\text{mm}) = \pm 0.1\text{m}$$

则这段距离及其中误差可以写成：

$$D - 67.35 \pm 0.1\text{m}$$

三、和差函数的中误差

设有和差函数：

$$z = x_1 \pm x_2 \pm \cdots \pm x_n \qquad (4-9)$$

式中，x_1，$\cdots$，x_2 为独立变量，其中误差为 m_1，$\cdots$，m_n。和差函数也属于线性函数，因此可按式（4-11）计算，并顾及 $k_1 = k_2 = \cdots = k_n = \pm 1$，得到和差函数的中误差：

$$m_z = \pm \sqrt{m_1^2 + m_2^2 + \cdots + m_n^2} \qquad (4-10)$$

【例 4-3】 分段丈量一直线上的两段距离 AB，BC，丈量结果及其中误差如下：

$$AB = 150.15 \pm 0.12\text{m}$$
$$BC = 210.24 \pm 0.16\text{m}$$

求全长 AC 及其中误差 m_{AC}。

【解】
$$AC = AB + BC = 150.15 + 210.24 = 360.39\text{m}$$
$$m_{AC} = \pm \sqrt{0.12^2 + 0.16^2} = \pm 0.20\text{m}$$

和差函数中的各个自变量如果具有相同的精度，则在式（4-10）中 $m_1 = m_2 = \cdots = m_n = m$，因此，等精度自变量的和差函数的中误差为：

$$m_z = \pm m\sqrt{n} \qquad (4-11)$$

【例 4-4】 用 30m 的钢尺丈量一段 240m 的距离 D，共量 8 尺段。设每一尺段丈量的中误差为 ± 5mm，求丈量全长 D 的中误差。

【解】 丈量全长 D 的中误差为：

$$m_D = \pm 5 \times \sqrt{8} = \pm 14\text{mm}$$

和差函数的中误差是一种最简单的误差传播形式。在测量工作中，还会遇到下列情况：一个观测的结果往往受到几种独立的误差来源的影响。例如，进行水平角观测时，每一观测方向同时受到对中、瞄准、读数、仪器误差和大气折光等的影响。此时，不一定能用式（4-5）或式（4-14）来表达所观测方向与这些因素的函数关系，但是可以认为观测结果中所含的偶然误差为这些因素的偶然误差的代数和，即：

$$\Delta_\text{方} = \Delta_\text{中} + \Delta_\text{瞄} + \Delta_\text{读} + \Delta_\text{仪} + \Delta_\text{气}$$

如果可以估算出每种误差来源的中误差，则可以用和差函数的中误差的公式来估算方向观测值的中误差为：

$$m_\text{方} = \pm\sqrt{m_\text{中}^2 + m_\text{瞄}^2 + m_\text{读}^2 + m_\text{仪}^2 + m_\text{气}^2}$$

瞄准误差和读数误差为方向观测中的主要误差来源，设其中误差各为 $\pm 2''$，其余因数的中误差各为 $\pm 1''$，则方向观测的中误差为：

$$m_\text{方} = \sqrt{1^2 + 2^2 + 2^2 + 1^2 + 1^2}'' = \pm 3.3''$$

水平角值是由两个方向观测值相减而得，按照等精度的和差函数中误差计算公式（4-16），得到水平角的中误差：

$$m_\text{角} = \pm m_\text{方}\sqrt{2}'' = \pm 3.3\sqrt{2}'' = \pm 4.7''$$

在实际工作中，可以根据所用经纬仪的规格和实验数据，确定各项误差来源的具体数值，以估算 $m_\text{方}$ 和 $m_\text{角}$。

四、一般函数的中误差

设有一般函数

$$z = f(x_1, x_2, \cdots x_n) \tag{4-12}$$

式中 x_1，x_2，$\cdots$，x_n 为独立观测值，其中误差分别为 m_1，m_2，$\cdots$，m_n，求 z 的中误差。

当 x_i（$i = 1$，$2 \cdots n$）具有真误差 Δ_i（$i = 1$，$2 \cdots n$）时，函数 z 相应地产生真误差 Δ_z。将式（4-12）取全微分，得：

$$dz = \frac{\partial f}{\partial x_1}dx_1 + \frac{\partial f}{\partial x_2}dx_2 + \cdots + \frac{\partial f}{\partial x_n}dx_n$$

因误差 Δx_i 及 Δ_z 都很小，故在上式中，可以近似用 Δx_i 及 Δ_z 代替 dx_i 及 dz，于是有：

$$\Delta z = \frac{\partial f}{\partial x_1}\Delta x_1 + \frac{\partial f}{\partial x_2}\Delta x_2 + \cdots + \frac{\partial f}{\partial x_n}\Delta x_n \tag{4-13}$$

式中 $\frac{\partial F}{\partial x_i}$（$i = 1$，$2 \cdots n$）为函数 F 对各自变量的偏导数，以观测值代入所算出的数值，它们是常数，因此式（4-13）是线性函数，按式（5-11）得

$$m_z = \pm\sqrt{\left(\frac{\partial f}{\partial x_1}\right)^2 m_1^2 + \left(\frac{\partial f}{\partial x_2}\right)^2 m_2^2 + \cdots + \left(\frac{\partial f}{\partial x_n}\right)^2 m_n^2} \tag{4-14}$$

上式是误差传播定律的一般形式。前述的式（4-11）、式（4-13）、式（4-15）都可以看作上式的特例。

【例 4-5】 测量矩形的两边 $a = 20.00 \pm 0.02$m，$b = 50.00 \pm 0.04$m，求矩形面积 A 及其中误差 m_A。

【解】 矩形面积

$$A = a \times b = 100 \text{m}^2$$

则：

$$\frac{\partial f}{\partial a} = b \quad \frac{\partial f}{\partial b} = a$$

应用误差传播定律求观测值函数的精度时，可归纳为如下三步：

（1）按问题的要求写出函数式：

$$z = f(x_1, x_2 \cdots x_n)$$

（2）对函数式全微分，得出函数的真误差与观测值真误差之间的关系式：

$$\Delta_z = \left(\frac{\partial f}{\partial x_1}\right)\Delta_{x1} + \left(\frac{\partial f}{\partial x_2}\right)\Delta_{x2} + \cdots + \left(\frac{\partial f}{\partial x_n}\right)\Delta_{xn}$$

式中 $\frac{\partial f}{\partial x_i}$ 是用观测值代入求得的值。

（3）写出函数中误差与观测值中误差之间的关系式：

$$m_z^2 = \left(\frac{\partial f}{\partial x_1}\right)^2 m_1^2 + \left(\frac{\partial f}{\partial x_2}\right)^2 m_2^2 + \cdots + \left(\frac{\partial f}{\partial x_n}\right)^2 m_n^2$$

必须指出，在误差传播定律的推导过程中，要求观测值必须是独立观测值。

第四节　算术平均值及其中误差

一、算术平均值

在相同的观测条件下，对某个未知量进行 n 次观测，其观测值分别为 l_1，l_2，$\cdots$，l_n，将这些观测值取算术平均值 $\overline{x}$，作为该量的最可靠的数值，称为"最或是值"：

$$\overline{x} = \frac{l_1 + l_2 + \cdots + l_n}{n} = \frac{[l]}{n} \tag{4-15}$$

多次获得观测值而取算术平均值的合理性和可靠性，可以用偶然误差的特性来证明：设某一量的真值为 x，各次观测值为 l_1，l_2，$\cdots$，l_n，其相应的真误差为 Δ_1，Δ_2，$\cdots$，Δ_n，则

$$\left.\begin{array}{l} \Delta_1 = X - l_1 \\ \Delta_2 = X - l_2 \\ \cdots \\ \Delta_n = X - l_n \end{array}\right\}$$

将上列等式相加，并除以 n，得到：

$$\frac{[\Delta]}{n} = X - \frac{[l]}{n} \tag{4-16}$$

根据偶然误差的第 4 个特性，当观测次数无限增多时，$\frac{[\Delta]}{n}$ 就会趋近于零，即

$$\lim_{n \to \infty} \frac{[\Delta]}{n} = 0$$

也就是说，当观测次数无限增大时，观测值的算术平均值趋近于该量的真值。但是，在实际工作中，不可能对某一量进行无限次的观测，因此，就把有限个观测值的算术平均值作为该量的最或是值。

二、算术平均值的中误差

对某一量进行 n 次等精度观测，其算术平均值可以写成（4-14）式。按误差传播定律得：

$$m_{\overline{x}} = \pm \sqrt{\left(\frac{1}{n}\right)^2 m_1^2 + \left(\frac{1}{n}\right)^2 m_2^2 + \cdots + \left(\frac{1}{n}\right)^2 m_n^2}$$

由于是等精度观测，因此，$m_1 = m_2 = \cdots = m_m = m$，$m$ 为观测值的中误差。由此得到算术平均值的中误差为：

$$m_{\overline{x}} = \pm \frac{m}{\sqrt{n}} \tag{4-17}$$

由此可见，算术平均值的中误差是观测值中误差的 $\frac{1}{\sqrt{n}}$ 倍，因此，对于某一量进行多次等精度观测而取其算术平均值，是提高观测成果精度的最有效的方法。设当观测值的中误差 m $=1$ 时，则算术平均值的中误差 $m_{\overline{x}}$ 与观测次数 n 的关系如图 4-1 所示。由图中可以看出，随着观测次数的增加，算术平均值的精度随之提高，但当观测次数增加到一定数值后，算术平均值

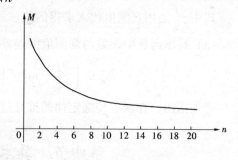

图 4-1　$m_{\overline{x}}$ 与 $\sqrt{n}$ 成反比

精度的提高是很微小的。因此，不能单依靠增加观测次数来提高观测成果的精度，还应设法提高观测本身的精度，例如，采用精度较高的仪器。

第五节　用观测值的改正值计算中误差

同精度观测值的中误差的计算公式为式（4-2），应用此式计算中误差需要具有观测对象的真值 x 已知，真误差 Δ_i 可以求得的条件。例如，用经纬仪观测平面三角形的三个内角，每个三角形的内角之和的真值（180°）为已知；用水准仪进行往、返观测两点之间的高差，而返测高差应该等于往测高差，即往返测高差之差的真值为零为已知。

在一般情况下，观测值的真值 X 是不知道的，真误差 Δ_i 也就无法求得，此时，就不可能用式（4-2）求中误差。但是，在同样的观测条件下对某一量进行多次观测，可以取其算术平均值作为最或是值，也可以算得各个观测值的改正值，即：

$$v_i = \overline{x} - l_i (i = 1, 2, \cdots n) \tag{4-18}$$

式中 v 称为改正数。实际工作中多利用观测值的改正数计算观测值的中误差，公式如下：

$$m_{\overline{x}} = \pm \frac{m}{\sqrt{n}} = \pm \sqrt{\frac{[vv]}{n(n-1)}} \tag{4-19}$$

【例4-6】 设对某角进行5次同精度观测，观测结果如表，是求其观测值的中误差，及最或是值的中误差。

表4-4

观测值	v	vv	观测值	v	vv
$l_1 = 35°18'28''$	$+3$	9	$l_5 = 35°18'24''$	-1	1
$l_2 = 35°18'25''$	0	0			
$l_3 = 35°18'26''$	$+1$	1	$\overline{x} = \dfrac{[l]}{n} = 35°18'25''$	$[v] = 0$	$[vv] = 20$
$l_4 = 35°18'22''$	-3	9			

【解】 观测值的中误差为：

$$m = \pm\sqrt{\frac{[vv]}{n-1}} = \pm\sqrt{\frac{20}{5-1}} = \pm 2.2''$$

最或是值中误差为：

$$m_{\overline{x}} = \pm\frac{m}{\sqrt{n}} = \pm\frac{2.2}{\sqrt{5'}} = \pm 1.0''$$

思 考 题 与 习 题

1. 系统误差与偶然误差有什么不同？偶然误差具有哪些特性？

2. 何谓中误差、相对误差和容许误差？

3. 等精度观测的算术平均值为什么是最可靠值？

4. 在三角形 ABC 中，直接观测了 $\angle A$ 和 $\angle B$，其中误差分别为 $m_A = \pm 14''$ 和 $m_B = \pm 12''$，求三角形第三角 C 的中误差 m_C。

5. 设对某线段测量了6次，其结果为 324.225m，324.232，324.229、324.230、324.219 和 324.216m，试求其算术平均值、观测值中误差、算术平均值中误差及相对误差。

6. 量得某一圆形地物的直径为64.780m，设量测直径的其中误差 $m = \pm 0.5mm$，试求其周长的中误差 m_s 及其相对中误差 m_s/s。

7. 对于某一矩形场地，量得其长度 $a = (156.34 \pm 0.10)$ m，宽度 $b = (85.27 \pm 0.05)$ m，计算该矩形场地的面积 P 及其中误差 m_p。

第五章 施工测量的基本工作

第一节 施工测量概述

一、施工测量的基本内容及特点

施工测量即在暖通工程施工阶段进行的测量工作。其主要任务是在施工阶段将设计图纸上的建筑物或构筑物的平面位置和高程，按设计要求，以一定的精度测设到地面上，作为施工的依据，使精心设计的建筑物或构筑物通过精心施工付诸实现。

施工测量是直接为暖通工程施工服务的，它是一项繁琐的、经常性的工作，根据进度，随时放样，走在施工的前面，它的精度要求高，测量方法多样。其主要内容如下所述：

(1) 测设已知长度直线；

(2) 测设已知角度；

(3) 测设已知高程；

(4) 测设已知坡度线；

(5) 确定点的平面位置。

二、施工测量的原则及基本要求

施工测量与一般测量工作相反，但是它们同样遵循"从整体到局部，先控制后细部"的原则。先根据地面已有的测量控制点在地面上定出建筑物或构筑物的主要轴线，然后根据主要轴线进行建筑物的详细设置。

施工测量工作包括若干点、线、角度及高程测设到地面上，按照具体情况，可以用不同的方法进行。确定施工测量中所需要的测量资料，如角度、距离、高程、坡度等，都是根据施工设计图所标注的坐标、尺寸、高程等有关数据作为放样测量的依据。

施工测量工作对保证暖通工程施工质量和施工进度，起着非常重要的作用。放样工作的质量如何，将直接影响到建筑物的尺寸和位置的正确性，测量上出错或不符合精度要求，就要引起返工、延误工期，造成损失。因此要求测量人员不仅要掌握放样测量的基本知识和技能，而且必须了解设计意图、现场情况、施工方案，熟悉和校对图纸，如发现施工设计图尺寸有不符合或不合理之处，应及时提出纠正。施工测量的精度要求，要根据工程的性质，严格按有关施工技术规范要求进行。对重要工程的施工测量，要采取反复校核并经过检查组检查后，才能施工。施工测量之前要对仪器及工具进行检验、校正，对重要的测量标志要进行保护，并随时检查，核对及补定。

第二节 施工测量的基本工作

暖通工程施工测量的基本任务是将设计图纸上所量得的已知直线长度、角度、高程及坡度在地面上标定出来，但具体操作应按工程性质及施工精度要求，采用不同的方法进行。

一、测设已知长度的直线

（一）一般测设

一般测设如图 5-1 所示，当测设精度要求不高时，可从直线起始点 A 开始，沿给定的 AC 方向，用钢尺量距 D 值，定出直线终点 B，再校核量距。若两次测量之差在允许范围内，取它们的平均位置作为直线终点的最后位置。

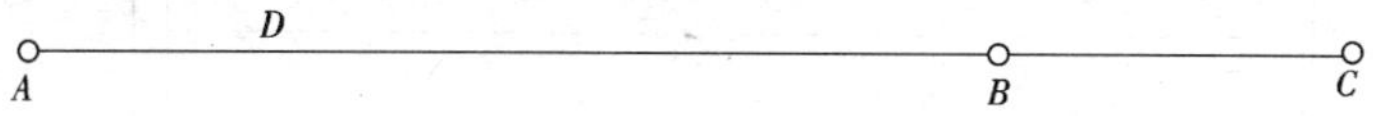

图 5-1　钢尺测设已知长度

（二）精确测设方法

当精度要求较高时，应先根据给定的水平距离 D，进行尺长改正、温度改正及倾斜改正，经改正计算出地面上应测设的倾斜距离 d，其计算公式为：

$$d = D - \Delta l - \Delta t - \Delta h \tag{5-1}$$

式中　d——地面倾斜距离（m）；

D——设计的水平距离（m）；

Δl——尺长改正数（m）；

Δt——温度改正数（m）；

Δh——高差改正数（m）。

现举例说明计算和测设过程。

【例 5-1】　设欲测设水平距离为 250.000m，概略求得高差为 8.4m，用 30m 钢尺，在标准温度为 +20℃时钢尺长为 30.0054m，测设时温度为 +10℃，计算斜距离。

【解】　尺长改正：$\Delta l = D \cdot \left(\dfrac{l - l_0}{l_0} \right) = 250 \times \left(\dfrac{30.0054 - 30}{30} \right) = 0.045\text{m}$

温度改正：$\Delta t = D \cdot \alpha(t - t_0) = 250 \times 0.0000125(10 - 20)$

$\qquad\qquad\quad = -0.031\text{m}$

倾斜改正：$\Delta h = \dfrac{-h^2}{2D} = -\dfrac{8.4^2}{2 \times 250} = -0.141\text{m}$

由上公式：$d = D - \Delta l - \Delta t - \Delta h$

$\qquad\qquad = [250 - 0.045 - (-0.031) - (-0.141)]$

$\qquad\qquad = 250.127\text{m}$

实地测设时，用经纬仪定线，沿 AC 方向，使用检定时的拉力，用钢尺实量 250.127m，同一般方法即可定出 B 点。

（三）光电测距仪测设法

如图 5-2 所示，安置光电测距仪于 A 点，指挥立镜员使活动反光棱镜在已知方向上移动，使仪器显示值略大于测设的距离，定出 C' 点。再用小钢尺量出与应测设的水平距离 D 的差值，然后根据差值用钢尺沿测设方向将 C' 点改正至 C 点，并作木桩标定其点位。为了检核，应将活动反光镜安置于 C 点，实测 AC 距离，其不符值应在限差之内，否则应再次进行改正，直至规定限差为止。由于光电测距仪的普及，目前水平距离的测设，尤其

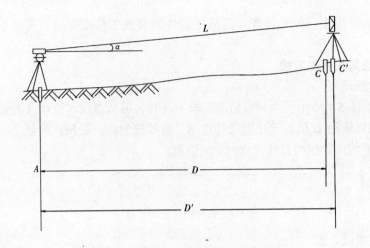

图 5-2 光电测距仪测设已知长度

是长距离的测设多采用光电测距仪或全站仪。

二、在地面设置已知角度

将设计的水平角测设到地面上，与通常测量水平角的方法不同。因为在测量水平角时，是已经知道了地面上两个方向，而测设水平角的时候我们仅仅知道一个方向，要根据已知的角度，确定第二个方向。

在地面上设置水平角，也要像测量水平角一样，应该用盘左、盘右测设两次，进行分中，以消除仪器视准轴误差和横轴误差。如果需要提高测设水平角的精度，可以采用复测法设置角度。

（一）一般方法

设地面上已知 AB 方向，根据这个方向测设 β 角值，要在地面上找出第二个方向线 AC，如图 5-3 所示。为此将仪器安置在 A 点上，经过对中整平后，盘左以度盘 0 合 0 对准 B 点，松上盘转动望远镜使水平度盘为 β 角，在该视线方向定出 C' 点。然后倒转望远镜以盘右位置再设置 β 角；如果仪器有误差，在视线方向又定出 C'' 点，取 C' 与 C'' 点进行分中定出 C 点，则 $\angle BAC$ 即为设计的 β 角。

（二）精确方法

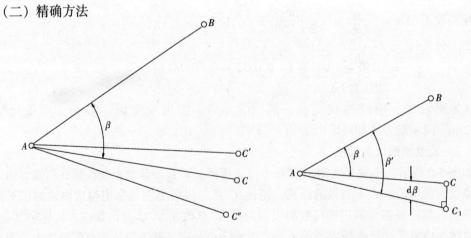

图 5-3 正倒镜分中法测设已知角度　　　图 5-4 精测已知角示意图

如果要测设较精密的角度，按上述分中法还不能满足精度要求时，可采用复测法，如图 5-4 所示。置仪器于 A 点，欲设置 β 角，以度盘 0 对 0 后视 B 点，松上盘转 β 角定出点 C_1，此角是半测回所得，精度不高，可以认为只是 β 角的近似值 β_1，然后用复测法，以盘左、盘右各测若干次，精确地测 $\angle BAC_1$（设为 β'），设 β 与 β' 之差数为 $\mathrm{d}\beta$，再量出 AC_1 距离，就可算出 C_1 点应移动的距离 C_1C。即：

$$C_1C = AC_1 \cdot \frac{\mathrm{d}\beta}{\rho''} \tag{5-2}$$

由 C_1 点作 AC_1 的垂线，并沿此垂线准确地量 C_1C 长度定出 C 点，则 AB 与 AC 之夹角即等于所设计的 β 角度。

【例 5-2】 要在 AB 边上设置 $\beta = 60°$，如图 5-5。今量得 $AC_1 = 100.00\mathrm{m}$，用复测法量得 $\angle BAC_1 = 60°00'36''$，计算 C_1C 的移距是多少？

【解】 $\mathrm{d}\beta = 60°00'36'' - 60°00' = 36''$

$$CC_1 = 100 \times \frac{36''}{206265''} = 18\mathrm{mm}$$

在 C_1 点作 AC_1 的垂线，并向内量 18mm 钉出 C 点，则 $\angle BAC = 60°00'$。

三、测设已知高程

在暖通工程中经常需要测设出指定的高程，如地下管道的地沟、房建工程四周的墙基等处，都需要先在地面上设置一些已知高程点。最简单的方法是在工程附近地面上打木桩，根据附近已有水准点的高程进行测设，使桩的顶端具有已知高程。

假设已有水准点 BM1 的高程为 144.315m，如图 5-6 所示，欲定出木桩 A 顶点的高程为 142.120m。作法：将水准仪置于水准点和木桩之间，在这两点上竖立水

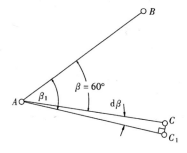

图 5-5 精设已知角举例示意图

准尺，设后视读数为 $a = 0.725\mathrm{m}$，则视线高程为 $H = 144.315 + 0.725 = 145.040\mathrm{m}$，由视线高程减去欲设点的已知高程，即可求得木桩 A 顶上的水准尺的读数应为（145.040 － 142.12）m $= 2.920\mathrm{m}$，可用逐渐趋近法将木桩 A 徐徐打下去。当不能使桩顶成为已给定的高程时，我们可以打任意长的木桩，将水准尺沿木桩侧面上下移动，当视线在尺上恰为已知读数时，在水准尺的底端靠木桩的侧面画一条刻线，如图 5-7 所示，这条刻线即具有给定的高程。

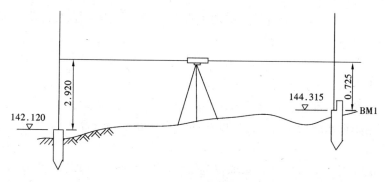

图 5-6 已知高程测设

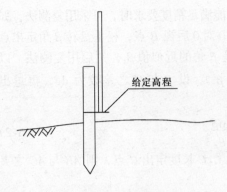

图 5-7 高程测设标高位置

四、测设已知坡度线

在铺设暖通设备管道时，常常需要将设计坡度在地面上标钉出来。

（一）经纬仪法

如图 5-8 所示，设地面已有 A 点，其高程为 124.275m，在距 A 点 100m 远有一点 B，要求沿 AB 方向定出 +1% 坡度线。作法：先在地面上每隔 20m 钉出 1、2、3、4 各桩至 B 点共 100m，则 B 点的高程为（124.275 + 100 × 1%）m = 125.275m，再应用上法测设到桩顶上，使 B 桩顶高度符合已知坡度。

中间 1、2、3、4 点，可用经纬仪倾斜视线标定为已知坡度。即在 A 点置仪器，量出仪器高 i，使望远镜照准 B 点的水准尺读数为 i，然后分别在 1、2、3、4 各木桩上立水准尺，使其读数均为仪高 i。当水准尺立在桩旁时，则在尺底端的木桩侧面画一条刻线，各桩号的连线（虚线）即为设计坡度线。

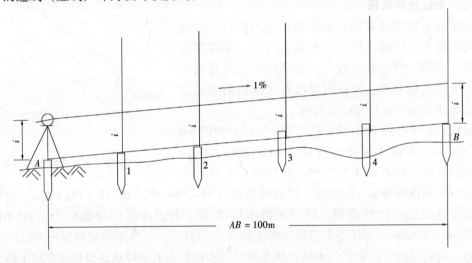

图 5-8 经纬仪法测设已知坡度

（二）水准仪法

如图 5-9 所示，A、B 为设计坡度的两个端点，已知 A 点高程 H_A，设计高程可用下式计算：

$$H_B = H_A + iD_{AB}$$

式中坡度上升时 i 为正，反之为负。

测设时，可利用水准仪设置倾斜视线的测设方法，其步骤如下：

（1）先根据附近水准点，将设计坡度线两端 A、B 的设计高程 H_A、H_B，测设于地面上，并打入木桩。

（2）将水准仪安置于 A 点，并量取仪高 i，安置时使一个脚螺旋在 AB 方向上，另两个脚螺旋的连线大致垂直于 AB 方向线。

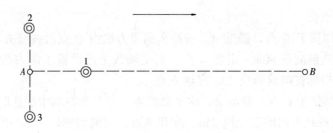

图 5-9 水准仪法测设已知坡度

（3）瞄准 B 点上的水准尺，旋转 AB 方向上的脚螺旋或微倾螺旋，使视线在 B 标尺上的读数等于仪器高 i，此时水准仪的倾斜视线与设计坡度线平行。

（4）在 A、B 之间按一定距离打桩，当各桩点 P_1、P_2、P_3 上的水准尺读数为仪器高 i 时，则各桩顶线就是所需测设的设计坡度。

施工中有时需根据各地面点的标尺读数决定填挖高度。这时可利用以下方法确定，若各桩顶的标尺实际读数为 b_i 时，则可按下式计算各点的填挖高度：

$$填挖高度 = i - b_i$$

式中 $i = b_i$ 时，不填不挖；$i > b_i$ 时，必须挖；$i < b_i$ 时，必须填。

由于水准仪望远镜纵向移动有限，若坡度较大，超出水准仪脚螺旋的调节范围时，可使用经纬仪测设。

第三节 点的平面位置测设方法

点的平面位置测设方法有直角坐标法、极坐标法、角度交会法和距离交会法等。测设时，可根据控制点分布情况、地形条件、精度要求等合理选用。

一、直角坐标法

当施工场地有相互垂直的矩形方格网或主轴线，以及量距比较方便时可采用此法。测设时，先根据图纸上的坐标数据和几何关系计算出测设数据，然后利用仪器工具实地设置点位。

现以图 5-10 所示为例说明具体方法。图中 OA，OB 为相互垂直的主轴线，它们的方向与建筑物相应两轴线平行。下面根据设计图上给定的 1、2、3、4 点的位置及 1、3 两点的坐标，用直角坐标法测设 1、2、3、4 各点位置。

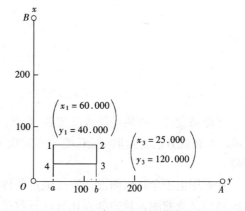

图 5-10 直角坐标法

1. 计算测设数据

在图 5-10 中，建筑物的墙轴线与坐标线平行，根据 1、3 两点的坐标可以算得建筑物的长度为 $y_3 - y_1 = 80.000$m，宽度为 $x_1 - x_3 = 35.000$m。过 4、3 点分别作 OA 的垂线得 a、b，由图可得 $a = 40.000$m，$b = 120.000$m，$AB = 80.000$m。

2. 实地测设点位

（1）安置经纬仪于 O 点，瞄准 A，按距离测设方法由 O 点沿视线方向测设距离 40m，定出 a 点，继续向前测设 80m，定出 b 点。若主轴线上已设置了距离指标桩，则可根据 OA 边上的 100m 指标桩向前测设 20m 定现 b 点。

（2）安置经纬仪于 a 点，瞄准 A，水平盘置零，盘左盘右取中法逆时针方向测设直角 90°，由 a 点起沿视线方向测设距离 25m，定出 4 点，再向前测设 35m，即可定出 1 点的平面位置。

（3）安置经纬仪于 b 点，瞄准 A，方法同（2）定出 3、2 两点的平面位置。

（4）测量 1~2 和 3~4 之间的距离，检查它们是否等于设计长度 80m，较差在规定的范围内，测设合格。一般规定相对误差不应超过 1/2000 ~ 1/5000。

二、极坐标法

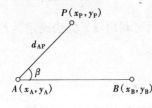

图 5-11　极坐标法

极坐标法是根据一个角度和一段距离测设点的平面位置。具备电子全站仪时，利用该方法测设点位具有很大的优越性。如采用经纬仪、钢尺测设，一般要求测设距离应较短，且便于量距。现以图 5-11 为例说明极坐标法测设点位的基本原理。

在图 5-11 中，A、B 点为已知控制点，P 点为待设点，其设计坐标为 x_P、y_P。测设前先根据已知点坐标和待设点的坐标反算水平距离 d 和方位角，然后再根据方位角求出水平角 β，水平角 β 和距离 d_{AP} 是极坐标法的测设数据。其计算公式为：

$$\alpha_{AB} = \cot \frac{y_B - y_A}{x_B - x_A}$$

$$\alpha_{AP} = \cot \frac{y_P - y_A}{x_P - x_A}$$

$$\beta = \alpha_{AB} - \alpha_{AP}$$

$$d_{AP} = \sqrt{(x_P - x_A)^2 + (y_P - y_A)^2}$$

实地测设时，可将经纬仪安置在 A 点，瞄准 B 点，水平度盘置零，逆时针方向测设 β 角，并在此方向上量取 d_{Ap} 长度，标定出 P 点的位置。为确保精度，然后用其他点进行校核。

若采用电子全站仪测设，不受地形条件的限制，测设距离可较长。尤其是电子全站仪既能测角又能测距，且内部固化有计算程序，可直接进行放样。所以，应用极坐标法能极大地发挥全站仪的功能。

三、角度交会法

角度交会法适用于待测设点位离控制点较远或不便于量距的情况下。它是通过测设两个或多个已知角度，交会出待定点的平面位置。这种方法又称为方向交会法。

如图 5-12 所示，A、B、C 为坐标已知的平面控制点，P 为待测设点，其设计坐标为 $P（x_P、y_P）$，现根据 A、B、C 三点测设 P 点。测设时，应先根据坐标反算公式分别计算

出 α_{AB}、α_{AP}、α_{BP}、α_{CP}、α_{CB}，然后计算测设数据 α_1、α_2、β_1、β_2，最后实地测设点位。方法是在 A、B 两个控制点上安置经纬仪，分别测设出相应的 β 角，但应注意实地测设时的后视已知点应与计算时所选用的后视方向相同。当测设精度要求较低时，可用标杆作为照准目标，通过两个观测者指挥把标杆移到待定点的位置。当精度要求较高时，先在 P 点处打下一个大木桩，并由观测员指挥，在木桩上依 AP、BP 绘出方向及其

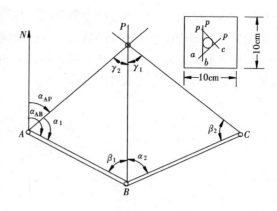

图 5-12　角度交会法

交点 P。然后在控制点 C 上安置经纬仪，同样可测设出 CP 方向。若交会没有误差，此方向应通过前两方向线的交点，否则将形成一个"示误三角形"，如图 5-12 所示。"示误三角形"的最大边长的限差视测设精度要求而定。例如，精密放样精度要求"示误三角形"的最大边不超过 1cm，若符合限差要求，取三角形的重心作为待定点 P 的最终位置。若误差超限，应重新交会。为提高交会精度，测设时交会角 γ_1、γ_2 宜在 $30° \sim 150°$ 之间。

四、距离交会法

距离交会法是由两个控制点测设两段已知距离交出点的平面位置的方法。在施工场地平坦，量距方便且控制点离测设点不超过一尺段时采用此法较为适宜。

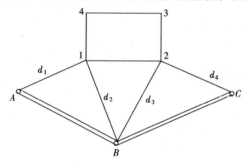

图 5-13　距离交会法

如图 5-13 所示，A、B、C 为已知平面控制点，1、2 为待测点。首先，由控制点 A、B、C 和待设点 1、2 的坐标反算出数据 d_1、d_2、d_3、d_4。然后，分别以 A、B、C 点用钢尺测设已知距离 d_1 和 d_2，d_3 和 d_4。测设时，同时使用两把钢尺，由 A、B 测设长度 d_1、d_2 交会定出 1 点；同样由 B、C 测设长度 d_3 和 d_4 可交会定出 2 点。最后应量取点 1 至点 2 的长度，与设计长度比较，以检核测设的准确性。

第四节　圆曲线的测设

在公共建筑和街区设计中常用到圆曲线，在此介绍圆曲线的测设方法。

圆曲线是指由一定半径的圆弧所构成的曲线。圆曲线的测设一般分为两步：第一步，根据圆曲线的测设元素，测设曲线的主点，即曲线的起点（直圆点 ZY）、曲线的中点（曲中点 QZ）和曲线的终点（圆直点 YZ）；第二步，根据主点按规定的桩距进行加密测设，详细标定圆曲线的形状和位置，即进行圆曲线细部点的测设。

一、圆曲线测设元素及其计算

如图 5-14 所示，圆曲线的半径为 R，一般在测设前由路线规划设计确定。图中 JD 即

路线"交点"的简称，即中线改变方向时，两相邻直线相交的点，是路线的转折点。α 为路线的转角，即交点处后视线的延长线与前视线的夹角，指路线由一个方向转向另一个方向时，偏转后的方向与原方向之间的夹角，可由经纬仪测定；在半径 R 和转角 α 已知的前提下，圆曲线的测设元素可按下式计算。

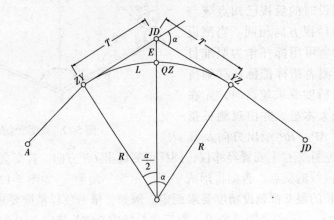

图 5-14　圆曲线的测设

切线长：
$$T = R \cdot \mathrm{tg} \frac{\alpha}{2}$$

曲线长：
$$L = R \cdot \alpha \cdot \frac{\pi}{180°}$$

外矢距：
$$E = R \left(\sec \frac{\alpha}{2} - 1 \right)$$

切曲差：
$$D = 2T - L$$

其中，T，E 用于主点设置，T、L、D 用于里程计算。在圆曲线测设中，T、L、E、D 一般是以 R 和 α 为引数计算，也可直接从有关"曲线测设用表"中查得。

为表示桩点至路线起点的距离，在道路工程中还需要根据交点 JD 的里程和以上曲线元素计算圆曲线主点的里程（桩号）。

由图 5-14 可知：

$$ZY \text{ 里程} = JD \text{ 里程} - T$$

$$YZ \text{ 里程} = ZY \text{ 里程} + L$$

$$QZ \text{ 里程} = YZ \text{ 里程} - L/2$$

$$JD \text{ 里程} = QZ \text{ 里程} + D/2$$

在上式的最后一步，若计算出的交点 JD 里程与实际相同，说明计算无误。

【例 5-3】　设交点 JD 里程为 $K2 + 968.43$（单位为 m），圆曲线元素 $T = 61.53\mathrm{m}$，$L = 119.38\mathrm{m}$，$E = 9.25\mathrm{m}$，$D = 3.68\mathrm{m}$，试求曲线主点桩里程。

【解】　依公式得：

JD	K2 + 968.43
– T	61.53
ZY	K2 + 906.90
+ L	119.38
YZ	K3 + 26.28
– L/2	59.69
QZ	K2 + 966.59
+ D/2	1.84
JD	K2 + 968.43（计算无误）

二、圆曲线主点测设

置经纬仪于 JD 上，望远镜照准后一方向线的交点或转点，量取切线长 T，得曲线起点 ZY，插一测钎。然后丈量 ZY 至最近一个直线桩的距离，如两桩号之差等于这段距离或相差在容许范围内，即可用木桩在测钎处打下 ZY 桩，否则应查其原因，以保证点位的正确性。设置终点 YZ 时，将望远镜照准前一方向线的交点或转点，往返量取切线长 T，得曲线终点，打下 YZ 桩。最后沿（180° − α）角的分角线方向量取 E 值得曲线中点，打下 QZ 桩。

三、圆曲线细部点测设

圆曲线的主点测设只标出了起点、中点、终点三个主点，显然，仅这三个点还不能详细地表达曲线的形状与位置。所以，在圆曲线的主点设置后，还需按规定桩距进行圆曲线的细部点位置的测设，这项工作称细部点测设或详细测设。细部点测设所采用的桩距 l_0 与曲线半径大小有关，一般有如下规定：

$$R \geqslant 100\text{m 时，} l_0 = 20\text{m}$$

$$25\text{m} < R < 100\text{m 时，} l_0 = 10\text{m}$$

$$R \leqslant 25\text{m 时，} l_0 = 5\text{m}$$

按桩距 l_0 在曲线上设里程桩号，通常有以下两种方法：

（1）整桩号法。将曲线上靠近起点 ZY 的第一个桩的桩号凑整成为 l_0 倍数的整桩号，然后按桩距 l_0 连续向曲线终点 YZ 设桩。这种方法排桩号，细部桩的里程桩号均为整桩号。

（2）整桩距法。从曲线起点 ZY 和终点 YZ 开始，分别以桩距 l_0 连续向曲线中点 QZ 设桩。这种方法，细部桩的里程桩号均为非整桩号。

通过确定细部点的桩距和排桩号，可以知道圆曲线上细部桩的数量和里程。细部测设的方法很多，在此主要介绍常用的切线支距法。

切线支距法即直角坐标定点法（见图 5-15），它是分别以曲线的起点，终点为坐标原点，以切线为 x 轴，过原点的半径为方向方向为 y 轴建立起直角坐标系，利用曲线上各细部点的坐标 x（横距），y（纵距）来设置各桩点，测设时分别从曲线的起点和终点向曲线中点施测。

1. 细部测设数据的计算

如图 5-15 所示，设 l_i 为细部点 P_i 至原点间的弧长，φ_i 为 l_i 对应的圆心角，R 为曲线半径。当由 P_i 向切线作垂线，得各垂线，得各垂足 N_i，由图可知，细部点在坐标系中的坐标计算公式为：

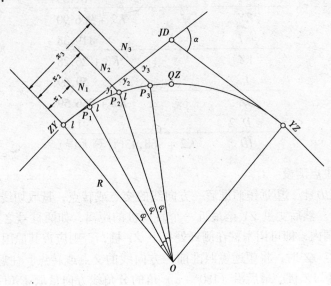

图 5-15　圆曲线细部点的测设

$$x_i = R\sin\varphi_i$$
$$y_i = R(1 - \cos\varphi_i)$$

式中　$\varphi_i = \dfrac{l_i}{R}\cdot\dfrac{180°}{\pi}$ （$i = 1, 2, 3, 4, \cdots$）

实际测设计算时，x、y 值可根据弧长 l_i，半径 R 逐点按上式计算，也可根据 l_i、R 为引数从"曲线测设用表"中查得。

【例 5-4】　仍用上例数据，按整桩号法设桩，计算曲线 ZY 至 QZ 各桩点坐标。

【解】　各桩点坐标见表 5-1。

各 桩 点 坐 标　　　　　　　　　　　　　　表 5-1

曲线点号	里程桩号	相邻点间弧长	各桩到起点曲线长	x	y
ZY	$K2 + 906.90$		0	0	0
P_1	$+ 920.00$	13.10	13.10	13.09	0.43
P_2	$+ 940.00$	20.00	33.10	32.95	2.74
P_3	$+ 960.00$	20.00	53.10	52.48	7.01
QZ	$K2 + 966.59$	6.59	59.69	58.82	8.84

2. 细部点测设方法

(1) 在 ZY 点安置经纬仪，瞄准 JD 定出切线方向。沿其视线方向丈量横坐标值 x_i，即分别以 ZY 点为起点丈量 13.09m、32.95m 等，得各垂足 N_1，N_2 等。

(2) 在点 N_i 用方向架或经纬仪定出直角方向，沿其方向丈量纵坐标值 y_i，即从 N_1 点沿直角方向丈量 0.43 m 得 P_1，从 N_2 沿直角方向丈量 2.74 m 得 P_2，依次类推直到曲中 QZ。

（3）对于另一半曲线，由 YZ 点点测设，可根据由 YZ 至 QZ 点计算的坐标数据，按上述的方法进行测设。

（4）曲线辅点测设完成后，要量取曲线中点至最近的辅点间距离及各桩点间的桩距，较差是否在限差之内，若较差超限，应查明原因，予以纠正。

切线支距法适用于地势平坦地区，具有桩点误差不累积、测法简单等优点，因而应用比较广泛。

思 考 题 与 习 题

1. 测绘与测设有何区别？

2. 施工测量具有哪些特点？施工测量的实质是什么？

3. 测设已知长度水平距离时，为何尺长改正、温度改正所取的符号与在尺方程中相反？倾斜改正应取什么符号？

4. 测设水平角度时，为什么需要采用盘左盘右取中的方法进行？

5. 测设已知高程的方法，能否适用于高程的传递？为什么？

6. 采用极坐标法测设点的平面点位时，需要什么已知数，采用什么方法来获得测设数据？

7. 用水准仪或经纬仪测设已知坡度时，两者在测站上的安置有何要求？

8. 设钢尺的名义长为 30.000m，检定时的实际长为 30.008m，用此钢尺测设一段水平距离为 20.000m 的直线 AB，测设时施加的拉力与检定时相同，测设温度比检定时高 5℃，钢尺的膨胀系数为 12.5×10^{-6}，AB 两点的高差为 $h_{ab} = 0.20$m，试求测设时，沿地面需要量出的长度？

9. 今用一般方法测设一直角∠BAC 后，用经纬仪对该角进行了多测回的精密观测，其角值为 90°00′24″，已知 AC = 100.000m，试计算改正该角值时的垂距，改正的方向是向内还是向外？

10. 利用水准点 A，高程 $H_A = 25.345$m，测设高程为 26.000m 的室内地坪 ±0 点，水准点上后视尺读数 $a = 1.520$m，试计算室内地坪 ±0 点前视尺读数 b。

11. 设已知边 AB 的坐标方位角 $\alpha_{ab} = 300°04′$，A 点坐标 $x_a = 14.22$m，$y_a = 42.34$m，待定点 P 的坐标 $x_P = 42.34$m，$y_P = 86.71$m，试用极坐标法计算测设 P 点的数据。

12. 设直线 AB 的水平距离 D = 100.000m，A 点高程 $H_A = 65.123$m，B 点高程 $H_B = 66.000$m。现将经纬仪安置于 A 点，仪器高 i = 1.500m，现要求获得 −3‰ 的倾斜视线，望远镜在 B 点标尺上的应读数是多少？

13. 已知下列数据，试用角度交会法测设 P 点位置？

$$A 点 \begin{cases} x_a = 502.735m \\ y_a = 124.360m \end{cases} \qquad B 点 \begin{cases} x_b = 300.000m \\ y_b = 300.000m \end{cases}$$

$$C 点 \begin{cases} x_c = 480.320m \\ y_c = 453.883m \end{cases} \qquad P 点 \begin{cases} x_p = 532.238m \\ y_p = 325.792m \end{cases}$$

第六章 施工场地的控制测量

第一节 控制测量概述

在本书第一章中已经指出，无论是工程规划设计前的地形图测绘，还是建筑物的施工放样和施工后的变形观测等工作，都必须遵循"从整体到局部，先控制后细部"的原则。即首先在整个测区范围内用比较精密的仪器和方法测定少量大致均匀分布点位的精确位置，包括平面位置（x，y）和高程（H）。这些精确测定位置的点称为控制点，由这些点组成的网状几何图形称为控制网。控制网有国家控制网、城市控制网、小地区控制网和施工控制网。为建立测量控制网而进行的测量工作称控制测量，分为平面控制测量和高程控制测量。控制测量是其他各种测量的基础，具有控制全局和限制测量误差转播及累积的重要作用。

一、平面控制测量

测定控制点平面坐标（x，y）所进行的测量工作称为平面控制测量。我国的国家平面控制网首先是建立一等天文大地锁网，在全国范围内大致沿经线和纬线方向布设成格网形式，格网间距约 200km，在格网中部用二等连续网填充，构成全国范围内的全面控制网。

然后，按地区需要测绘资料的轻重缓急，再用三、四等网逐步进行加密，其布网形式曾经有三角网、三边网和导线网。三角网和三边网都以三角形为基本图形（见图 6-1），导线网以多边形格网（见图 6-2）、附合线路或闭合线路为基本图形。

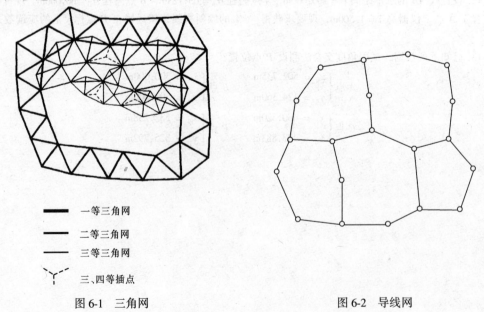

——— 一等三角网

——— 二等三角网

——— 三等三角网

Y 三、四等插点

图 6-1 三角网   图 6-2 导线网

平面控制网的建立，除了三角测量和导线测量这些传统测量方法外，还可应用 GPS（全球定位系统）测量。GPS 测量能测定地面点的三维坐标，其具有全天候、高精度、自动化、高效益等显著特点。

我国各城镇的范围占有大小不等的面积，但是，为了进行城镇的规划、建设、土地管理等，都需要测绘大比例尺地形图、地籍图和进行市政工程和房屋建筑等的施工放样，为此，需要布设控制网。在国家网的控制下，城市平面控制网分为二、三、四等（按城镇面积的大小从其中某一等开始布设）、一、二级小三角网、小三边网，或一、二、三级导线网，最后再布设直接为测绘大比例尺地形图等用的图根控制网和直接为施工放样等用的工程控制网。

按照我国《城市测量规范》规定，城市平面控制测量的主要技术要求如表 6-1、表 6-2所示。

城市三角网的主要技术要求   表 6-1

等　级	附合导线长度 （km）	平均边长 （m）	每边测距中误差 （mm）	测角中误差 （"）	导线全长相 对闭合差
三等	15	3000	± 18	± 1.5	1/60000
四等	10	1600	± 18	2.5	1/40000
一级	3.6	300	± 15	5	1/14000
二级	2.4	200	± 15	8	1/10000
三级	1.5	120	± 15	12	1/6000

城市导线的主要技术要求   表 6-2

等　级	平均边长 （km）	测角中误差 （"）	起始边边长 相对中误差	最弱边边长 相对中误差
二　等	9	± 1	1/300000	1/120000
三　等	5	± 1.8	1/200000（首级） 1/120000（加密）	1/80000
四　等	2	± 2.5	1/120000（首级） 1/80000（加密）	1/45000
一级小三角	1	± 5	1/40000	1/20000
二级小三角	0.5	± 10	1/20000	1/10000

二、高程控制测量

高程控制网的建立主要用水准测量的方法，布设的原则类似于平面控制网，也是由高级到低级、从整体到局部。国家水准测量分为一、二、三、四等。一、二等水准测量称为精密水准测量，在全国范围内沿主要干道、河流等整体布设，然后用三、四等水准测量进行加密，作为全国各地的高程控制（见图6-3）。

城市水准测量分为二、三、四等，根据城市范围的大小及所在地区国家水准点的分布情况，从某一等级开始布设。在四等以

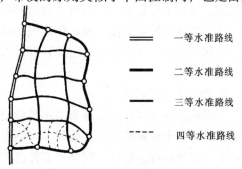

图 6-3　高程控制网

一等水准路线

二等水准路线

三等水准路线

四等水准路线

下，再布设直接为测绘大比例尺地形图所用的图根水准测量，或为某一工程建设所用的工程水准测量。城市二、三、四等水准测量及图根水准测量的主要技术要求如表6-3所示。

城市水准网主要技术要求 表 6-3

等 级	每千米高差中误差 (mm)	附合路线长度 (km)	水准仪的级别	测段往返测高差 不符值 (mm)	附合路线或环线 闭合差 (mm)
二 等	±2	400	DS_1	$±4\sqrt{L}$	$±4\sqrt{L}$
三 等	±6	45	DS_3	$±12\sqrt{L}$	$±12\sqrt{L}$
四 等	±10	15	DS_3	$±20\sqrt{L}$	$±20\sqrt{L}$
图 根	±20	8	DS_{10}		$±40\sqrt{L}$

注：L 为附合路线或环线的长度，均以"km"为单位。

第二节　施工场地控制测量

在勘测设计阶段布设的控制网主要是为测图服务，控制点的点位是根据地形条件来确定的，并未考虑待建建筑物的总体布置，因而在点位的分布与密度方面都不能满足放样的要求。在测量精度上，测图控制网的精度按测图比例尺的大小确定，而施工控制网的精度则要根据工程建设的性质来决定，通常要高于测图控制网。因此，为了进行施工放样测量，必须以测图控制点为定向条件建立施工控制网。

施工控制网分为平面控制网和高程控制网两种。前者常采用三角网、导线网、建筑基线或建筑方格网等，后者则采用水准网。

施工平面控制网的布设，应根据总平面图和施工地区的地形条件来确定。当厂区地势起伏较大，通视条件较好时采用三角网的形式扩展原有控制网；对于地形平坦而通视又比较困难的地区，例如扩建或改建工程的工业场地，则采用导线网；对于建筑物多为矩形且布置比较规则和密集的工业场地，可以将施工控制网布置成规则的矩形格网，即建筑方格网；对于地面平坦而又简单的小型施工场地，常布置一条或几条建筑基线。总之，施工控制网的布设形式应与设计总平面图的布局相一致。

施工控制网与测图控制网相比，具有以下特点：

1. 控制范围小，控制点的密度大，精度要求高

与测图的范围相比，工程施工的地区比较小，而在施工控制网所控制的范围内，各种建筑物的分布错综复杂，没有较为稠密的控制点是无法进行放样工作的。

施工控制网的主要任务是进行建筑物轴线的放样。这些轴线的位置偏差都有一定的限值，例如，工业厂房主轴线的定位精度要求为2cm。因此，施工控制网的精度比测图控制网的精度要高。

2. 受施工干扰较大

工程建设的现代化施工通常采用平行交叉作业的方法，这就使工地上各种建筑的施工高度有时相差十分悬殊，因此妨碍了控制点之间的相互通视。此外，施工机械的设置（例如吊车、建筑材料运输机、混凝土搅拌机等）也阻碍了视线。因此，施工控制点的位置应分布恰当，密度也应比较大，以便在工作时有所选择。

3. 布网等级宜采用两级布设

在工程建设中，各建筑物轴线之间几何关系的要求，比它们的细部相对于各自轴线的要求其精度要低得多。因此在布设建筑工地施工控制网时，采用两级布网的方案是比较合适的。即首先建立布满整个工地的厂区控制网，目的是放样各个建筑物的主要轴线，然后，为了进行厂房或主要生产设备的细部放样，还要根据由厂区控制网所定出的厂房主轴线建立厂房矩形控制网。

根据上述的这些特点，施工控制网的布设应作为整个工程施工设计的一部分。布网时，必须考虑施工的程序、方法以及施工场地的布置情况。施工控制网的设计点位应标在施工设计的总平面图上。

第三节　建　筑　基　线

对于建筑施工场地范围较小，平面布置相对简单，地势较为平坦而狭长的建筑场地，可在场地上布置一条或几条基线，作为施工场地的控制，这种基线称为"建筑基线"。

一、建筑基线的设计

根据建筑设计总平面图的施工坐标系及建筑物的分布情况，建筑基线可以在总平面图上设计成三点"一"字形、三点"L"字形、四点"T"字形和五点"十"字形等形式。如图 6-4 所示。建筑基线的形式可以灵活多样，适合于各种地形条件。

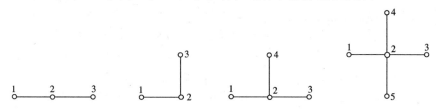

图 6-4　建筑基线设计形式

设计建筑基线时应注意以下几点：

（1）建筑基线应尽可能靠近拟建的主要建筑物，并与它们的轴线平行或垂直；

（2）建筑基线主点间应相互通视，边长为 100～400m，点位应选在不易被破坏的地方，为能长期保存，要埋设永久性的混凝土桩；

（3）建筑基线的测设精度应满足施工放样的要求；

（4）场地面积较小时也可直接用建筑红线作为现场控制；

（5）基线点不得少于 3 个，便于复查建筑基线是否有变动。

二、建筑基线的测设

（一）根据建筑红线测设建筑基线

在城市建设区，建筑用地的边界由城市规划部门在现场直接标定，在图 6-5 中的 1、2、3 点就是在地面上标定出来的边界点，其连线 12、23 通常是正交的直线，称为"建筑红线"。一般情况下，建筑基线与建筑红线平行或垂直，故可根据建筑红线用平行推移法测设建筑基线 OA、OB。当把 A、O、B 三点在地面上用木桩标定后，安置经纬仪于 O 点，观测 $\angle AOB$ 是否等于90°，其不符值不应超过 $\pm 24''$。量 OA、OB 距离是否等于设计长度，其不符值不应大于 1/10000。若误差超限，应检查推平行线时的测设数据。若误差在许可范围之内，则适当调整 A、B 点的位置。

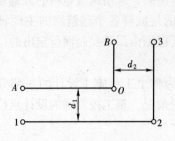

图 6-5 根据建筑红线测设建筑基线

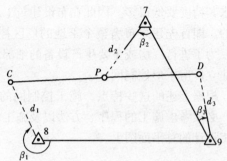

图 6-6 根据测量控制点测设建筑基线

（二）根据附近已有的测量控制点测设建筑基线

根据测量控制点的分布情况，可采用极坐标法测设，如图 6-6 所示。

测设步骤如下：

（1）计算测设数据。根据已知控制点 7、8、9 和待定建筑基线主点 C、P、D 的坐标关系反算出测设数据 d_1、d_2、d_3 及 β_1、β_2、β_3。

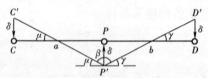

图 6-7 检查定位点的直线性

（2）测设主点。分别在控制点 7、8、9 上安置经纬仪，按极坐标法测设出三个主点的定位点 C′P′D′，并用木桩标定，如图 6-7 所示。

（3）检查三个定位点的直线性。由于存在测量误差，测设的基线点往往不在同一直线上，故在 P′ 点安置经纬仪，检测 ∠C′P′D′，如果观测角值 β 与 180° 之差大于 24″，则进行调整。

（4）调整三个定位点的位置。先根据三个主点之间的距离 ab 按下式计算出改正数 δ，即：

$$\delta = \frac{ab}{a+b}\left(90° - \frac{\beta}{2}\right)'' \frac{1}{\rho''} \tag{6-1}$$

当 a = b 时，则得：

$$\delta = \frac{a}{2}\left(90° - \frac{\beta}{2}\right)'' \frac{1}{\rho''} \tag{6-2}$$

式中，$\rho'' = 206265''$。然后将定位点 C′、P′、D′ 三点（注意：P′ 移动的方向与 C′、D′ 两点相反）按 δ 值移动之后，再重复检查调整 C、P、D，直至误差在允许范围为止。

（5）调整三个定位点之间的距离。先检查 C、P 及 P、D 间的距离，若检查结果与设计长度之差的相对误差大于 1/10000，则以 P 点为准，按设计长度调整 C、D 两点，确定 C、P、D 三点的位置。否则不予调整即可确定 C、P、D 三点的位置。

第四节 建筑方格网

对于地形较平坦的大、中型建筑场区，主要建筑物、道路及管线常按互相平行或垂直的关系进行布置，为简化计算或方便施测，施工平面控制网多由正方形或矩形格网组成，称为建筑方格网。利用建筑方格网进行建筑物定位放线时，可按直角坐标进行，不仅容易推求测设数据，且具有较高的测设精度。

一、建筑方格网的坐标系统

在设计和施工部门，为了工作上的方便，常采用一种独立坐标系统，称为施工坐标系或建筑坐标系。如图6-8所示，施工坐标系的纵轴通常用 A 表示，横轴用 B 表示，施工坐标也叫 A、B 坐标。

施工坐标系的 A 轴和 B 轴，应与厂区主要建筑物或主要道路、管线方向平行。坐标原点设在总平面图的西南角，使所有建筑物和构筑物的设计坐标均为正值。施工坐标系与国家测量坐标系之间的关系，可用施工坐标

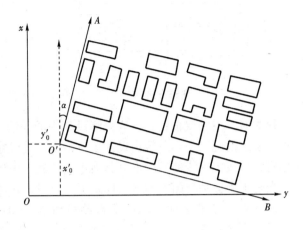

图 6-8　施工坐标系与测量坐标系的关系

系原点 O' 的测量系坐标 x'_0、y'_0 及 $O'A$ 轴的坐标方位角 α 来确定。在进行施工测量时，上述数据由勘测设计单位给出。

二、建筑方格网设计

建筑方格网通常是在图纸设计阶段，由设计人员设计在施工场区总平面图上。有时也可根据总平面图中建筑物的分布情况，施工组织设计并结合场地地形，由施工测量人员设计布设，布设时应考虑以下几点：

（1）根据设计总平面图布设，使方格网的主轴线位于建筑场地的中央，并与主要建筑物的轴线平行或垂直，使控制点接近于测设对象，特别是测设精度要求较高的工程对象。

（2）纵、横主轴线要严格正交成90°，其长度以能控制整个建筑场地为宜；主轴线的定位点称为主点，一条主轴线不能少于三个主点，其中一个必是纵、横主轴线的交点，主点间距不宜过小，一般为300～500m以保证主轴线的定位精度。在图6-9中，MPN 和 CPD 即为按上述原则布置的建筑方格网主轴线。

（3）根据实际地形布设，使控制点位于测角、量距比较方便的地方，并使埋设标桩的高程与场地的设计标高不要相差很多。

（4）方格网的边长可根据测设的对象而定。正方形格网或矩形格网边长多取100～200m，格网边长尽可能取50m或其倍数。方格网各交角应严格成90°，控制点应便于保存，尽量避免土石方的影响。

（5）当场地面积较大时，应分成两级布网。首先可采用"十"字形、"口"字形或"田"字形，然后再加密方格网。若场地面积不大，则尽量布设成全面方格网。

（6）最好将高程控制点与平面控制点埋设在同一块标石上。

三、建筑方格网的测设

（一）主轴线放样

如图6-10所示，MN、CD 为建筑方格网的主轴线，它是建筑方格网扩展的基础。当

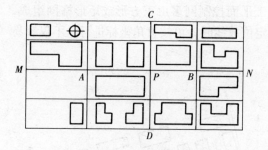

图 6-9　建筑方格网

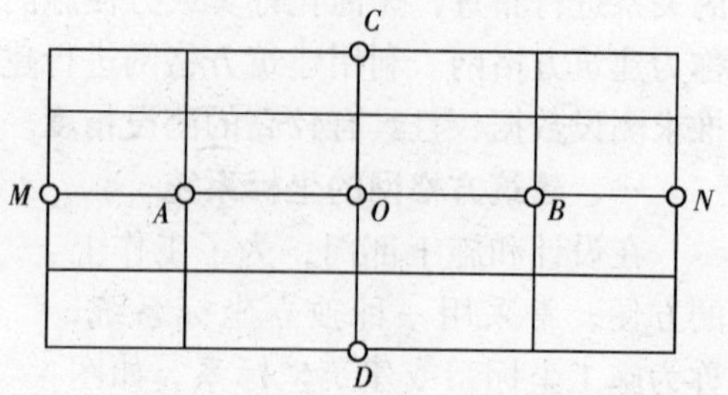

图 6-10　主轴线放样

场区很大时，主轴线很长，一般只测设其中的一段，如图中的 *AOB* 段。*O* 点是主轴线的主点，主点的施工坐标一般由设计单位给出，也可在总平面图上用图解法求得一点的施工坐标后，再按主轴线的长度推算其他主点的施工坐标。

当施工坐标系与国家测量坐标系不一致时，在施工方格网测设之前，应把主点的施工坐标换算成为测量坐标，以便求得测设数据。如图 6-11 所示，设 xOy 为测量坐标系，$AO'B$ 为建筑坐标系，x_0、y_0 为建筑坐标系的原点在测量坐标系中的坐标，α 为建筑坐标系的纵轴在测量坐标系中的方位角。设已知点 *P* 的建筑坐标为 (A_P, B_P)，换算为测量坐标表示，可按式（6-3）计算：

$$\left.\begin{array}{l} x_P = x_0 + A_P\cos\alpha - B_P\sin\alpha \\ y_P = y_0 + A_P\sin\alpha - B_P\cos\alpha \end{array}\right\} \tag{6-3}$$

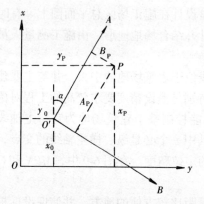

图 6-11　施工坐标与测量坐标的转换

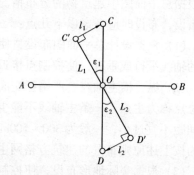

图 6-12　主轴线测设

如图 6-12 所示，先测设主轴线 *AOB*，其方法与建筑基线测设方法相同，但∠*AOB* 与 180°的差，应在 ±10″之内。*A*、*O*、*B* 三个主点测设好后，将经纬仪安置在 *O* 点，瞄准 *A* 点，分别向左、向右转 90°，测设另一主轴线 *COD*，同样用混凝土桩在地上定出其概略位置 *C′* 和 *D′*。然后精确测出∠*AOC′* 和∠*AOD′*，分别算出它们与 90°之差 ε_1 和 ε_2。并计算出调整值 l_1 和 l_2，公式为：

$$l_1 = L_1 \frac{\varepsilon_1''}{\rho''}$$

$$\tag{6-4}$$

$$l_2 = L_2 \frac{\varepsilon_2''}{\rho''}$$

将 C' 沿垂直于 OC' 方向移动 l_1 距离得 C 点；将 D' 沿垂直于 OD 方向移动 l_2 距离定出 D 点。点位改正后，应检查两主轴线的交角及主点间距离，均应在规定限差之内。

（二）方格网点的放样

主轴线测设好后，分别在主轴线端点安置经纬仪，均以 O 点为起始方向，分别向左、右精密地测设出 $90°$，这样就形成"田"字方格网点。为了进行校核，还要在方格网点上安置经纬仪，测量其角值是否为 $90°$，并测量各相邻点间的距离，看其是否与设计边长差均在允许的范围之内。此后再以基本方格网点为基础，加密方格网中其余各点。

第五节 施工场地的高程控制测量

建筑场地的高程控制测量必须与国家高程控制系统相联系，以便建立统一的高程系统，并在整个施工区域内建立可靠的水准点，形成水准网。在工业与民用建筑施工区域内一般最高的水准测量等级为三等，使用最多的是四等水准测量，甚至普通水准测量也可满足要求。在进行等级水准测量时，应严格按国家水准测量规范执行。

根据施工中的不同精度要求，高程控制有：

（1）为了满足工业安装和若干施工部位中高程测量的需要，其精度要求在 1~3mm 以内，则按建筑物的分布设置三等水准点，采用三等水准测量。这种水准点一般关联范围不大，只要在局部有 2~3 点就能满足要求。

（2）为了满足一般建筑施工高程控制的需要，保证其测量精度在 3~5mm 以内，则可在三等水准点以下建立四等水准点，或单独建立四等水准点。

（3）由于设计建筑物常以底层室内地坪标高（即 ±0.00 标高）为高程起算面，为了施工引测方便，常在建筑场地内每隔一段距离（如 40m）放样出 ±0.00 标高。必须注意，设计中各建、构筑物的 ±0.00 的高程不一定相等。

要求各级水准点坚固稳定。四等水准点可利用平面控制点作水准点；三等水准点一般应单独埋设，点间距离通常以 600m 为宜，可在 400~800m 之间变动；三等水准点距厂房或高大建筑物一般应不小于 25m，在振动影响范围以外不小于 5m，距回填土边线不小于 15m。

普通水测量的基本方法已在第一章中介绍过，本节介绍三、四等水准测量和高程计算的方法。

一、三、四等水准测量的技术要求

三、四等水准路线一般沿道路布设，尽量避开土质松软地段，水准点间的距离一般为 2~4km，在城市建筑区为 1~2km。水准点应选在地基稳固、能长久保存和便于观测的地点。

三、四等水准测量的主要技术要求参看表 6-3。在观测中，对于每一测站的技术要求见表 6-4。

三、四等水准测量测站技术要求 表 6-4

等　级	视线长度 （m）	前、后视 距离差 （m）	前、后视 距离累积差 （m）	红、黑面 读数差 （mm）	红、黑面所测 高差之差 （mm）
三等	≤65	≤3	≤6	≤2	≤3
四等	≤80	≤5	≤10	≤3	≤5

二、三、四等水准测量的方法

（一）观测方法

三、四等水准测量的观测应在通视良好、望远镜成像清晰、稳定的情况下进行。下面介绍用双面水准尺法在一个测站的观测程序。

（1）在测站上安置仪器，使圆水准器气泡居中，后视水准尺为黑面，用上、下视距丝读数，记入记录表（见表6-5，下同）中（1）、（2）。转动微倾螺旋，使符合水准气泡居中（符合），用中丝读数，记入表中（3）；

（2）前视水准尺黑面，用上、下视距丝读数，记入表中（4）、（5），转动微倾螺旋，使符合水准气泡居中，用中丝读数，记入表中（6）；

（3）前视水准尺红面，转动微倾螺旋，使符合水准气泡居中，用中丝读数，记入表中（7）；

（4）后视水准尺红面，转动微倾螺旋，使符合水准气泡居中，用中丝读数，记入表中（8）。

（二）测站计算与检核

1. 视距计算

根据前、后视的上、下视距丝读数计算前、后视的视距：

$$后视距离（9）= 100 \times [（1）-（2）]$$
$$前视距离（10）= 100 \times [（4）-（5）]$$

计算前、后视距差（11）：

$$（11）=（9）-（10）$$

三、四等水准测量记录 表 6-5

测站编号	视准点	后尺 上丝 下丝	前尺 上丝 下丝	方向及尺号	水准尺读数		黑+K-红 K=4.787	平均高差
		后视距 视距差	前视距 Σ视距差		黑色面	红色面		
	Ⅰ	(1) (2) (9) (11)	(4) (5) (10) (12)	后尺号 前尺号 后－前	(3) (6) (15)	(8) (7) (16)	(14) (13) (17)	(18)
1	BM2 | TP1	1402 1173 22.9 -1.4	1343 1100 24.3 -1.4	后 103 前 104 后－前	1289 1221 +0.068	6073 6010 +0.063	+3 -2 +5	+0.066
2	TP1 | TP2	1460 1050 41.0 2.0	1950 1560 39.0 +0.6	后 104 前 103 后－前	1260 1761 -0.501	6050 6549 -0.499	-3 -1 -2	0.500
3	TP2 | TP3	1660 1160 50.0 0.0	1795 1295 50.0 +0.6	后 103 前 104 后－前	1412 1540 -0.128	6200 6325 -0.125	-1 +2 -3	-0.126
4	TP3 | BM3	1575 1030 54.5 -4.6	1545 0954 59.1 -4.0	后 104 前 103 后－前	1300 1250 +0.050	6088 6035 +0.053	-1 +2 -3	+0.052
检核计算	Σ(9)=168.4 Σ(10)=172.4 Σ(9)-Σ(10)=-4.0 Σ(9)+Σ(10)=340.8			Σ(3)=5261 Σ(6)=5772 Σ(15)=-0.511 Σ(15)+Σ(16)=-1.019		Σ(8)=24411 Σ(7)=24919 Σ(16)=-0.508 2Σ(18)=-1.016		

对于三等水准测量，（11）不得超过 3m，对于四等水准测量，（11）不得超过 5m。

计算前、后视距离累积差（12）：

$$（12）= 上站（12）+ 本站（11）$$

对于三等水准测量，（12）不得超过 6m，对于四等水准测量，（12）不得超过 10m。

2. 水准尺读数检核

同一水准尺黑面与红面读数差的检核：

$$（13）=（6）+ K -（7）$$
$$（14）=（3）+ K -（8）$$

K 为双面水准尺的红面分划与黑面分划的零点差（常数 4.687m 或 4.787m）。对于三等水准测量，读数差不得超过 2mm；对于四等水准测量，读数差不得超过 3mm。

3. 高差计算与检核

按前、后视水准尺红、黑面中丝读数分别计算该站高差：

$$黑面高差（15）=（3）-（6）$$
$$红面高差（16）=（8）-（7）$$
$$红黑面高差之差（17）=（15）-（16）=（14）-（13）$$

对于三等水准测量，（17）不得超过 3mm；对于四等水准测量，（17）不得超过 5mm。

红、黑面高差之差在容许范围以内时，取其平均值，作为该站的观测高差：

$$（18）= \frac{1}{2}\big[（15）+（16）\big]$$

4. 每页水准测量记录计算检核

每页水准测量记录必须作总的计算检核：

高差检核：
$$\Sigma（3）- \Sigma（6）= \Sigma（15）$$
$$\Sigma（8）- \Sigma（7）= \Sigma（16）$$
$$\Sigma（15）+ \Sigma（16）= 2\Sigma（18）$$

视距差检核：　　$\Sigma（9）- \Sigma（10）=$ 本页末站（12）- 前页末站（12）

本页总视距：　　$\Sigma（9）+ \Sigma（10）$

（三）三、四等水准测量的成果整理

三、四等水准测量的闭合线路或附合线路的成果整理首先应按表 6-3 的规定，检验测段（两水准点之间的线路）往返测高差不符值（往、返测高差之差）及附合线路或闭合线路的高差闭合差。如果在容许范围以内，则测段高差取往、返测的平均值，线路的高差闭合差则反其符号按与测段的长度成正比例进行分配。按闭合差改正后的高差，计算各水准点的高程。

第六节　GPS 控制测量简介

一、GPS 系统的构成

GPS 是全球定位系统（Global Positioning System）英文名称的缩写，它是美国 1973 年开始研制的全球性卫星定位和导航系统。它具有实时提供空间三维位置、三维运行速度和时间信息的功能。GPS 整个系统由下列三大部分组成：空间部分、地面控制部分和用户设备

部分。

（一）空间部分

GPS 的空间部分由 21 颗工作卫星和 3 颗在轨备用卫星组成，记作（21 + 3）GPS 星座。

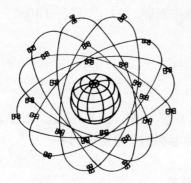

图 6-13　空间卫星组成

如图 6-13 所示，24 颗卫星均匀分布在 6 个等间隔的轨道面内，每个轨道面上分布有 4 颗卫星在运行。轨道面相对赤道面的夹角为 55°，轨道面平均高度为 20183 km。卫星运行周期为 11 h 58min。这样的分布和运行，在地球上任何地点、任何时间都有不少于 4 颗，最多可有 11 颗卫星供观测使用。GPS 卫星的作用是向用户连续不断地发送导航定位信号。每颗卫星连续向地面发播两个频率的载波无线电信号，载波 L1 和 L2 的波长分别为 19 cm 和 24 cm，L1 载波上调制有精密的 P 码和非精密的捕获码（C/A 码），L2 载波上调制了基本单位为 1500 比特长的数据码（也称卫星电文），简称 D 码。卫星电文向用户提供的信息，有卫星工作状态、卫星的日程表、时钟校正信息、星历表参数及专用电文等。在利用 GPS 卫星信号进行导航定位时，为了解测站点的三位坐标，需观测 4 颗 GPS 卫星。

（二）地面控制部分

地面控制部分包括一个主控站、三个注入站和 5 个监测站。其中，主控站设在美国本土，负责管理和协调整个地面控制系统的工作，即根据各监测站的观测资料计算各卫星的星历以及卫星钟改正数，编制导航电文。主控站还负责将偏离轨道的卫星进行纠正，必要时用备用卫星代替失效的卫星；三个注入站的任务是将主控站算出的卫星星历、钟差、卫星电文和遥控指令等注入到相应卫星的存储系统内，构成信息的基本部分；监测站是在主控站控制下的数据采集中心。全球共有 5 个监测站，分布在美国本土和三大洋的美军基地上，如图 6-14 所示。主要任务是为主控站提供观测数据。每个监测站均用 GPS 接收机接收可见卫星播发的信号，并由此确定站卫距离数据，连同气象数据传送到主控站。

（三）用户设备部分

用户部分主要是 GPS 信号接收机。其主要功能是接收 GPS 卫星发播的信号，以获得导航电文和定位信息及观测值，经接收机中的计算机数据处理后，就可计算出接收机的位置，其至三维速度和时间。GPS 接收机按用途可分为导航型接收机、测地型接收机和授时型接收机；按载波频率分为单频接收机和双频接收机。测绘领域主要应用的是测地型接收机。GPS 测地型接

图 6-14　全球监测站

收机用于精密相对定位时，其双频接收机精度可达 $5 + 1 \times 10^{-6}D$ mm，单频接收机在一定距离内精度可达 $10 + 2 \times 10^{-6}D$ mm。用于差分定位其精度可达厘米级。

GPS 测量，不受时间和气象条件的限制，可以进行全天候的观测，具有高精度三维定位、测速及定时功能。测点间无须通视，不必造标，控制点的位置可以根据需要设置，因而可以大大降低测量费用。GPS 测量一次定位时间较短，大大提高了工作效率。另外，GPS 定位是在国际统一的坐标系统中计算的，因此全球不同地点的测量成果相互关联。GPS 的问世吸引了世界各国众多科学家的广泛兴趣和普遍关注，也导致了测绘行业发生根本性的变革。目前已被广泛地应用于高精度的大地测量、精密工程测量、地壳及建筑物形变监测以及其他许多领域。随着微电子技术的迅速发展和数据处理方法的不断完善，GPS 系统的用户接收机，其体积、重量、价格、功耗等方面将会有较大幅度的下降，精度将进一步提高，用途将更趋广泛，已成为日常测绘工作的重要组成部分。可以预见，GPS 技术在各个领域中的应用将进一步普及。

二、GPS 定位的基本原理

利用 GPS 进行定位是以 GPS 卫星和用户接收机天线之间的距离（或距离差）为基础，并根据已知的卫星瞬时坐标，确定用户接收机所对应的三维坐标位置。而接收机和卫星之间的距离 l 与卫星坐标 (x_s, y_s, z_s)、接收机三维坐标 (x, y, z) 间的关系式为：

$$l^2 = (x_s - x)^2 + (y_s - y)^2 + (z_s - z)^2 \tag{6-5}$$

式中，卫星坐标可根据导航电文求得，所以式中包含接收机坐标三个未知数，实际上因接收机钟差改正是未知数，所以，接收机必须同时至少测定四颗卫星的距离才能解算出接收机的三维坐标值，如图 6-15 所示。

依据测距的原理，其定位原理与方法一般有伪距法定位、多普勒定位、载波相位测量定位、卫星射电干涉测量四种方法。现介绍常用的伪距定位和载波相位测量定位方法。

（一）伪距定位

伪距定位是测量 GPS 卫星的伪噪声码从卫星到达用户接收机天线的传播时间，进而计算出距离。由于此距离受到大气介质效应（如电离层时延、对流层时延以及多路径效应等）和接收机与卫星时钟不同步的影响，并不是几何距离，所以称为伪距观测量。如果用户接收机接收了 4 颗以上的 GPS 卫星信号，即测得了 4 个以上的伪距值，且从导航电文中获得了卫星坐标，可按距离交会法解算出测站点的三维坐标。

（二）载波相位测量

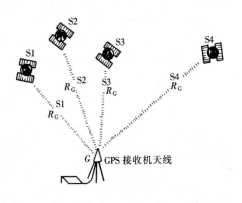

图 6-15　GPS 定位的基本原理

载波相位测量的基本原理是测定来自 GPS 卫星的载波信号和接收机产生的同频参考信号之间的相位差 $\Delta\varphi$。将各测站所得的瞬时载波相位观测值进行各种组合，可以消除大部分误差影响，从而获得较高的精度。

若一台接收机同时测出 4 颗卫星的距离，以测定的距离进行空间后方交会，可得接收机所在的位置。

伪距定位法精度较低，而载波相位测量定位精度较高。但载波相位测量测后数据处理工作量较大，而伪距定位法可进行实时定位。

思 考 题 与 习 题

1. 控制测量有何作用，控制网分为哪几种？

2. 建筑场地平面控制网的形式有哪几种？它们各适用于哪些场合？

3. 在测设三点"一"字形建筑基线时，为什么基线点不少于三个？当三点不在一条直线上时，为什么横向调整量是相同的？

4. 如图 6-11 所示，已知施工坐标原点 O' 的测图坐标为 $x_0 = 187.500$m，$y_0 = 112.500$m，建筑基线点 P 的施工坐标为 $A_P = 135.000$m，$B_P = 100.000$m，设两坐标系轴线间的夹角 $\alpha = 16°00'00''$，试计算 P 点的测量坐标值。

5. 如图 6-16 所示，假定"一"字形建筑基线 1′、2′、3′ 三点已测设在地面上，经检测 $\angle 1'2'3' = 179°59'30'$，$a = 100$m，$b = 150$m，试求调整值 δ，并说明如何调整才能使三点成一直线。

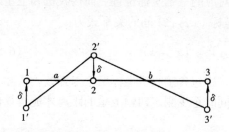

图 6-16　第 5 题图

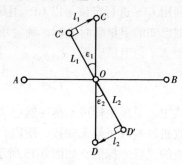

图 6-17　第 6 题图

6. 如图 6-17 所示，测设出直角 $\angle BOD'$ 后，用经纬仪精确地检测其角值为 89°59′30′，并知 $OD' = 150$m，问 D' 点在 $D'O$ 的垂直方向上改动多少距离才能使 $\angle BOD$ 为 90°？

7. 施工高程控制网应如何布设？

8. 用三、四等水准测量建立高程控制时，如何观测？如何记录？

9. GPS 系统有哪些部分构成？其定位的基本原理是什么？

第七章 建筑物的定位测量

第一节 概 述

一、建筑物定位的概念

　　暖通设备是以建筑物的轴线为基准进行定位安装的，所以，有必要了解建筑物的定位知识。建筑物、构筑物进入施工阶段，应根据设计图纸上的相关尺寸，进行测量定位。所谓定位，就是把建筑筑物或构筑物外廓轴线的交点（即角点）测设于地面，以确定它们的平面位置，并以此为依据来进行基础放样和细部放样。如图 7-1 所示，建筑物平面图外廓轴线①、⑥和Ⓐ、Ⓔ的交点 *M*、*Q*、*N*、*P* 即为该建筑物的定位点。

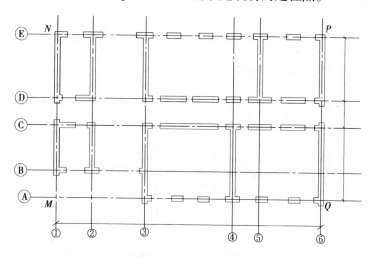

图 7-1　建筑平面图

二、建筑物定位的准备工作

　　进行建筑物定位测量之前，除了应对所使用的测量仪器和工具进行检校外，尚需做好以下准备工作。

　　1. 熟悉设计图纸

　　设计图纸是施工测量的主要依据，与定位有关的图纸有：建筑总平面图、建筑平面图。

　　从建筑总平面图上可以查明设计建筑物或构筑物的平面位置关系。它是测设建筑物或构筑物总体位置的依据，如图 7-2 所示。

　　从建筑平面图上可以查明建筑物的总尺寸和内部各定位轴线间的尺寸关系，如图 7-3 所示。

　　2. 现场踏勘

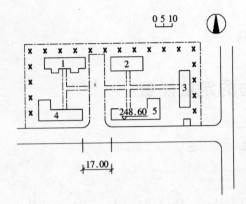

图 7-2　建筑总平面图

现场踏勘的目的是为了了解现场的地物、地貌和原有测量控制点的分布情况，并调查与施工测量有关的问题。对建筑场地上的平面控制点、水准点要进行检核，保护。

3. 确定测设方案

首先要了解设计要求和施工进度计划，然后结合现场地形和控制网布置情况，确定测设方案。例如：按图 7-2 的设计要求，拟建的 5 号楼与现有 4 号楼平行，二者南墙面平齐，相邻墙面相距 17.00m，因此，可根据现有建筑物进行测设。

4. 准备测设数据

测设数据包括根据测设方法的需要而进行的计算数据和绘制测设略图。图 7-4 为注明测设尺寸和方法的测设略图。

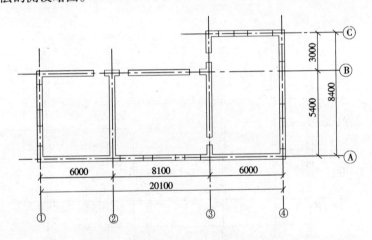

图 7-3　建筑平面图定位轴线及总尺寸

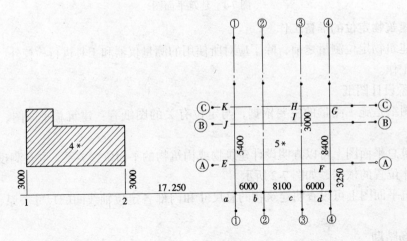

图 7-4　测设略图

第二节　建筑定位测量方法

建筑物的定位就是把建筑物外廓轴线的交点（即角点）测设于地面，以确定建筑物的位置，并以此为依据进行基础放样和细部放样。常采用的定位方法如下所述。

一、根据原有建筑物定位

（1）新建工程与原有建筑在一条平行线上　如图 7-5 所示，拟建房屋 B 与原房屋 A 的外墙面之间已定为 14m，它们的南墙面齐平，则可利用建筑物 A 定 B。首先沿房屋 A 的东西墙面各量出相同的小段距离 l（一般为 2～3m），定出 1、2 两点。将经纬仪安置在 1 点，瞄准 2 点，沿视线方向由 2 点起量出 14.250m 定出 a 点（由于 MN 轴线离外墙面为 0.250m），再继续量 25.800m 定出 b 点，然后在 a 点安置经纬仪，瞄准 1 点后向右测设 90° 角，沿视线方向由 a 点起量出 l + 0.250m 定出 M 点，再继续量 15.000m 定出 N 点。同法，在 b 点安置经纬仪可定出 Q、P 两点。最后应检测 N、P 两点间的距离，它与设计长度比较，误差不应超过 1/5000（或 1/2000）；还要检测 ∠N 与 ∠P 应等于 90°，误差不应超过 ±40″（或 ±1′）。

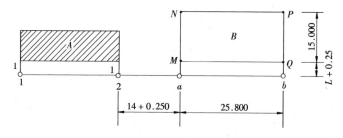

图 7-5　新建与原有建筑物相互平行定位

（2）新建工程与原有建筑互相垂直　如图 7-6 所示，拟建工程与原 A 号楼在垂直直线上，与原建筑墙面横向距离 14m，纵向距离 18m，则可利用建筑物 A 定 B。首先沿房屋 A 的东西墙面各量出相同的小段距离 2～3m，定出 1、2 点将经纬仪安置在 1 点，瞄准 2 点，沿视线由 2 点起量出 14.250m 定出 a 点（由于 MN 轴线离外墙面为 0.250m），再继续量 12.800m 定出 b 点。然后在 a 点安置经纬仪瞄 1 点后测设 90° 角，沿视线方向由 a 点起量 18 + 0.250m 定出 M 点，再继续向前量 21.600m 定出 N 点，同法在 b 点安置经纬仪定出 Q、P 点，精度检查同前。

二、根据道路中心线定位

如图 7-7 所示，新建工程与道路中心线相平行，外墙面纵向距道路中心线 20m，横向距道路中心线 30m，新建工程外墙面长 64.740m，宽 12.740m，外墙厚 490mm。测设步骤如下：

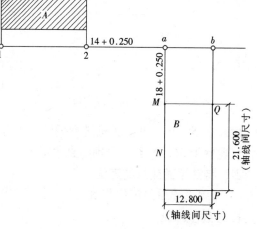

图 7-6　新建与原有建筑物相互垂直定位

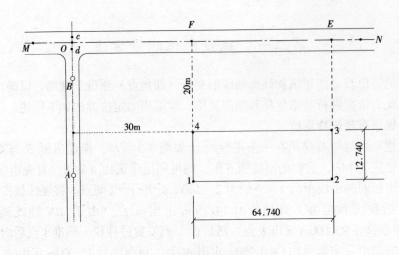

图 7-7　根据道路中心线定位

（1）量取道宽中心定出 A、B 点，将仪器置于 A 点作 AB 延长线标出 cd 线段。

（2）量取道宽中心定出 M、N 点，将仪器置于 M 点，前视 N 点，在 cd 线段上标出两线交点 O。再自 O 点量距（$30 + 0.370$）m，在视线方向定出 F 点，从 F 点量距（$64.740 - 2 \times 0.370$）m 定出 E 点。

（3）将经纬仪安置于 F 点，后视 N 点测直角，量距（$20 + 0.370$）m 定出 4 点，继续向前量距（$12.740 - 2 \times 0.370$）m 定出 1 点。

（4）将经纬仪安置于 E 点，后视 M 点测直角同法定出 3、2 点。

（5）将经纬仪安置于 1 点，后视 F 点测直角与 2 点闭合，并丈量 1、2 点距离进行校核，精度要求同前。

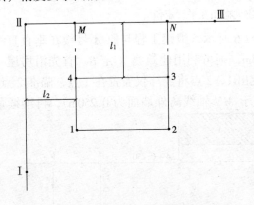

图 7-8　根据建筑红线定位

三、根据建筑红线定位

城镇建设要按统一规划施工。建筑用地的边界应经设计部门和规划部门商定，并由规划部门拨地单位在现场直接测设。如图 7-8 中Ⅰ、Ⅱ、Ⅲ点是由拨地单位测设的边界点，其各点连线称"建筑红线"。总图上所给建筑物至建筑红线的距离，是指建筑物外边线至红线的距离。若建筑物有突出部分（如附墙柱、外廊、楼梯间），以突出部分外墙边线计算至红线的距离。

根据建筑红线定位的测设步骤是：首先对"建筑红线"Ⅰ、Ⅱ、Ⅲ桩进行护桩，然后按照给定的数据，在红线上定出 MN 点，然后将仪器置于 M、N 点，分别测直角定出 1、2、3、4 点，最后进行闭合检查调整。

四、特殊平面建筑的定位

（一）弧形建筑的定位测量

1. 拉线法画弧

建筑物为弧形平面时，若给出半径长，可先找出圆心，然后用半径划弧的方法定位。

如图 7-9 所示，先在地面上定出弧弦的端点 A、B，然后分别以 A、B 点为圆心，用给定的半径 R 划弧，两弧相交于 O 点，此点即为弧形的圆心。再以 O 点为圆心，用给定的半径 R 在 A、B 两点间划弧形，即测出所要求的弧形。

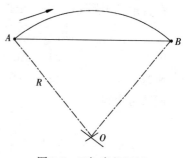

图 7-9 已知半径画弧

若只给出弦长与矢高，可用作垂线的方法定位。如图 7-10 所示，先在地面上定出弧弦的两端点 A、B，过 AB 直线的中点作垂线，在垂线上量取矢高 h，定出 C 点。再过 AC 连线的中点作垂线，两条垂线相交于 O 点，O 点即为弧形的圆心。最后以 O 点为圆心，以 AO 为半径在 A、B 点间划弧，即测出所要求的弧形。

用拉线法划弧，圆心点要定设牢固，所用拉绳（或尺）伸缩性要小，用力不能时紧时松，要保持曲线圆滑。

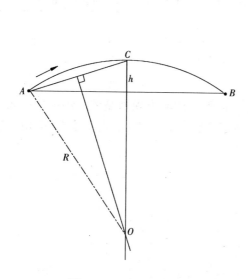

图 7-10 已知矢高画弧

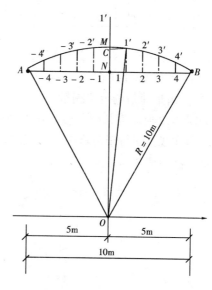

图 7-11 坐标法画弧

2. 坐标法画弧

在图 7-11 中，已知圆弧半径为 10m，弦长 AB 为 10m，求弦上各点矢高值，然后将各点连线进行画弧。

画弧步骤如下：

（1）在地面上定出弦的两端点 A、B。将弦均分 10 等分，其等分点分别为 1、2、3、4、B 和 −1、−2、−3、−4、A。为便于解析计算，过各等分点作弦的垂线，与圆弧相交。

（2）计算弦上各点的矢高值，在直角三角形 ONB 中，根据勾股定理：

$$ON = \sqrt{(OB)^2 - (NB)^2} = \sqrt{10^2 - 5^2} = 8.660\text{m}$$

$$MN = MO - NO = (10 - 8.660) = 1.340\text{m}$$

在直角三角形 $OC1'$ 中，根据勾股定理

$$OC = \sqrt{(O1')^2 - (C1')^2} = \sqrt{10^2 - 1^2} = 9.950\text{m}$$

因为：　　　　　$11' = NC = OC - ON$

所以：　　　　　$11' = (9.950 - 8.660) = 1.290\text{m}$

同法可求得：

$$22' = 1.138\text{m}$$
$$33' = 0.879\text{m}$$
$$44' = 0.505\text{m}$$

由于以 NM 为中心两边对称，所以左侧各点与右侧各对应点矢高相等。将上述各数列表如下（见表7-1）：

等 分 点 的 矢 高

表 7-1

等分点	A	- 4	- 3	- 2	- 1	0	1	2	3	4	B
矢高（m）	0	0.505	0.879	1.138	1.290	1.340	1.290	1.138	0.879	0.505	0

（3）在各等分点垂线上截取矢高，分别得 $1'$、$2'$、$3'$、$4'$、M、$-1'$、$-2'$、$-3'$、$-4'$。将各点连成圆滑的曲线，即为所要测设的弧形。

（二）齿形建筑的定位测量

如图 7-12 所示为某宿舍楼，其平面布置呈齿形。按城市规划要求，建筑物边线（临街外墙角连线）平行于道路中线。建筑物边线距道路中心线 20m，与原有建筑相距 20m，外墙轴线距边线 370mm。

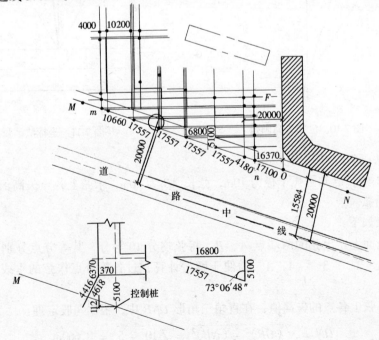

图 7-12　齿形建筑定位测量

100

1. 确定轴线控制桩至道路中线的距离

建筑物平面位置在总平面图上的限定条件是建筑物外墙至道路中心线的距离，测量需要的是轴线控制桩，而建筑物轴线与道路中线又不平行，因此控制桩至道路中线的距离需进行换算。

根据建筑物平面特点，控制网布成齿形，其中一条边为斜边，轴线控制桩设在距轴线交点5.100m处，这样可同时兼作纵横两轴的控制桩。换算方法：按相似三角形和勾股定理计算，如图7-12中平距16.800m换算得斜距17.557m等，各项数据见图7-12标注。

2. 测设步骤

（1）找出道路中心线。按控制桩至道路中心的距离（15.584m），作道路中线的平行线，定出 M、N 点，M、N 的连线即是控制桩的连线，亦为控制网的斜边。

用顺线法作原楼的平行线与 MN 直线相交于 O 点。

（2）将仪器置于 N 点，前视 M 点，在视线方向从 O 点开始依次丈量，定出 $n \sim m$ 各点。

（3）将仪器置于 n 点，后视 M 点，顺时针测 $73°06'48''$，在视线方向依次丈量，定出 $n \sim F$ 各点。

（4）当 MN、nF 直线上的桩位定出来后，就可根据建筑物各轴线相对应的控制桩，用测直角的方法，测设出其他轴线控制桩，定出平面控制网。

（三）三角形建筑的定位测量

如图7-13所示为某三角形点式建筑。建筑物三条中心轴线的交点距两边规划红线均为30m，测设步骤如下：

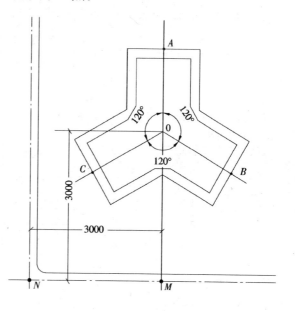

图7-13　三角形建筑定位

（1）根据平面图给定的数据，先测出 MA 方向线，从 M 点量30m，定出 O 点，再量距定出 A 点。

（2）将仪器置于 O 点，后视 A 点，顺时针测120°，从 O 点量距，定出 B 点。再顺时针测120°，从 O 点量距，定出 C 点。有了这三条主轴线，建筑物的平面位置就可以定来了。由于房屋的其他尺寸都是直线关系，所以依据这三条基线就可以测设出全部轴线桩。

第三节　定位测量记录

不论是新建、扩建房建工程或管道工程都应及时作好定位测量记录，按规定的格式如实地记录清楚测设方法和测设顺序，文字说明要简明扼要，各项数据应标注清楚，使有关人员能看明白各点的测设过程，以便审核复查。

控制网测完后，要经有关人员（建设单位、设计单位、监理单位、城市规划部门）现场复查验收。定位记录要有技术负责人、建设单位代表审核签字，作为施工技术档案归档保管，以备复查和作为交工资料。

若几个单位工程同时定位，其定位记录可写在一起，填一份定位记录。

定位记录的主要内容包括：

(1) 建设单位名称，工程编号，单位工程名称，地址，测设日期，观测人员姓名；

(2) 施测依据，有关的平面图及技术资料各项数据；

(3) 观测示意图，标明轴线编号、控制点编号，各点坐标或相对距离；

(4) 施测方法和步骤，观测角度，丈量距离，高程引测读数；

(5) 定位说明；

(6) 标明建筑物的朝向或相对标志；

(7) 有关人员检查会签。

定位测量记录格式见表 7-2、表 7-3 及图 7-14。

定 位 测 量 记 录 表　　　　　　　表 7-2

定 位 测 量 记 录

建设单位：　　　　　　工程名称：　　　　　　地址：

施工单位：　　　　　　工程编号：　　　　　　日期：　年　月　日

1. 施测依据：一层及基础平面图，总平面图坐标，M、N 两控制点

2. 施测方法和步骤：

测站	后视点	转角	前视点	量距定位	说明
N	M	47°37′15″	2	2	
2	N	118°13′17″	1	1	
2	1	90°	3	3	
1	2	90°	4	4	
3	2	90°	4	闭合差角 + 10″、 + 12mm	调整闭合差

3. 高程引测记录

测点	后视读数	视线高	前视读数	高程	设计高	说明
N	1.320	120.645		119.325	119.800	
D			1.045	119.600	119.600	
					0.200	

4. 说明：高程控制点与控制网控制桩合用，桩顶标高为 − 0.200m

甲方代表		技术负责人	
审　　核		质 检 员	
		测 量 员	

各 点 坐 标　　　　　　　表 7-3

点位	M	N	1	2	3	4
A	688.230	598.300	739.000	739.000	781.740	781.740
B	512.100	908.250	670.000	832.740	832.740	670.000

定位测量中的注意事项：

（1）应认真熟悉图纸及有关技术资料，审核各项尺寸，发现图纸有不符的地方应要求技术部门改正。施测前要绘制观测示意图，把各测量数据标在示意图上。

（2）施测过程的每个环节都应精心操作，对中、丈量要准确，测角应采用复测法，后视应选在长边，引测过程的测量精度应不低于控制网精度。

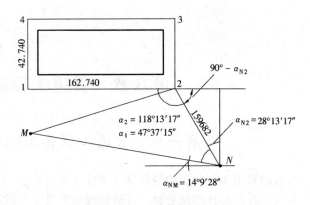

图 7-14 观测示意图

（3）基础施工中最容易发生问题的地方是错位，其主要原因是把中线、轴线、边线搞混用错。因此凡轴线与中线不重合或同一点附近有几个控制桩时，应在控制桩上标明轴线编号，分清是轴线还是中线，以免用错。

（4）控制网测完后，要经有关人员检查验收。

（5）控制桩要做出明显标记，以便引起人们注意，桩的四周要钉木桩拉铁丝加以保护，防止碰撞破坏。如发现桩位有变化，要经复查后再使用。

（6）设在冻胀性土质中的桩要采取防冻措施。

思 考 题 与 习 题

1. 建筑物定位准备工作包括哪些内容？
2. 与建筑物定位有关的图纸有哪些？
3. 什么是建筑物定位？
4. 什么是建筑红线？
5. 定位记录的主要内容包括哪些？
6. 按图 7-15 中已给出新建建筑物与原有建筑物的相对位置关系（墙厚 37cm，轴线偏里），试述测设新建筑物的方法和步骤。

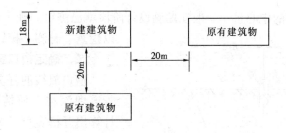

图 7-15 第 6 题图

第八章　管道工程施工测量

第一节　管道工程施工测量的准备工作

暖通管道工程施工测量的准备工作主要有：

(1) 熟悉设计图纸资料，弄清管线布置及工艺设计和施工安装要求。

(2) 熟悉现场情况，了解设计管线走向，以及管线沿途已有平面和高程控制点分布情况。

(3) 根据管道平面图和已有控制点，并结合实际地形，作好施测数据的计算整理，认真校核各部尺寸并绘制施测草图。

(4) 根据管道在生产上的不同要求、工程性质、所在位置和管道种类等因素，确定施测精度。如厂区内部管道比外部要求精度高；无压力的管道比有压力管道要求精度高。

(5) 做好现有的各种地下管道线的调查、落实工作，以便发现问题及时解决。

(6) 校测现有管道出入口和与本管线交叉的地上、地下构筑物的平面位置和高程，如果发现与设计图纸设计数据不符或有问题，要及时和设计单位研究解决。

第二节　地面上管道的施工测量

一、确定管道中心线

测定管道中线时，应根据设计图纸在管道的起点、终点、平面折点及直线段的控制点和检查井（可阀门井）等处测设中心桩，并应在这些点的沟槽开挖范围之外适当位置，设置施工控制桩。

独立的管道工程的中心桩，一般在勘测设计阶段就已测钉。施工前应根据设计图纸予以检查、补测、校钉。·

二、确定槽口宽度

槽口放线的任务是根据设计要求的管道埋深和土质情况、管径的大小等，计算出开槽宽度，并根据管道中心桩在地面上定出槽边线位置，作为开槽的依据。

当横断面地形比较平坦时，如图8-1所示，槽口宽度的计算方法为：

$$B/2 = b/2 + mh$$
$$B = b + 2mh \qquad (8-1)$$

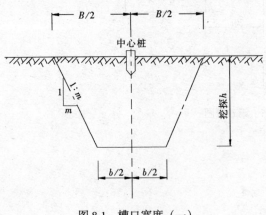

图 8-1　槽口宽度（一）

式中 b——槽底宽度，根据不同管径的相应基础宽度和必要的操作宽度等确定（m）；

  B——开槽上口宽度（m）；

  $1:m$——边坡斜率，一般根据土质情况查表确定。

  例如：某暖通工程中设计铺设一条直径为 500mm 的供暖管道，土质为四类土（亚黏土），经计算开槽深度 h 为 2.5m，求该管道开槽上口宽 B，如图 8-2 所示。

  解：据管径、土质类别，按照暖通工程施工技术规程中关于管道结构宽度，每侧工作宽度和开槽边坡放坡系数的规定分别取定槽底宽度 $b = 1.5$m，$1:m = 1:0.33$，已知 $h = 2.5$m，据式（8-1）得：

$$B = b + 2mh$$
$$= (1.5 + 2 \times 0.33 \times 2.5)\text{m}$$
$$= 3.15\text{m}$$

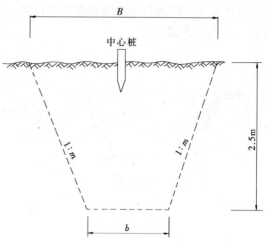

图 8-2 槽口宽度确定举例示意图

  当横断面地形起伏较大时，中线两侧上口宽度不相等，应分别计算或根据横断面图解法求出，如图 8-3 所示。应按下式分别计算：

$$B_1 = b/2 + m_1 h_1 + m_2 h_2 + C$$
$$B_2 = b/2 + m_1 h_1 + m_3 h_3 + C \tag{8-2}$$

  计算或求得 $B/2$ 或 B_1、B_2 后，可根据管道中心桩在实地上定出开槽边线，把相邻桩号边线点连接撒灰线，即可依次开挖管槽。应当注意的是，在某些情况下，管道中心到槽底两边的距离也不相等（如在槽底一边设明沟排水，两条以上的管道同槽施工且高程、坡度不同），放槽口线时应予区分。

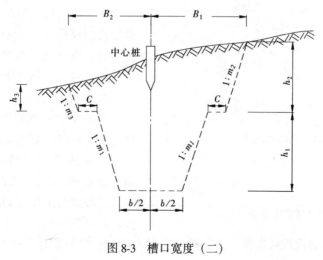

图 8-3 槽口宽度（二）

三、设置管道施工控制标志

管道的埋设均有平面位置、高程和坡度的要求，因此在开槽前后应设置控制管道中心线和高程的施工标志，一般有以下两种作法：

（一）坡度板法

坡度板法是控制管道中线和构筑物位置，掌握管道设计高程的常用方法，一般均跨槽埋设，其测设步骤如下：

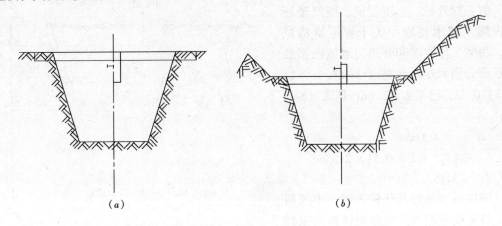

图 8-4　埋设坡度板（一）

1. 埋设坡度板

坡度板应根据工程进度要求及时埋设，当槽深在 2.5m 以内时，应予开槽前，在槽上口每隔 10～15m 埋设一块，如图 8-4（a）所示；遇管道平面折点、检查井及支管处，应加设坡度板。当槽深在 2.5m 以上时，应待槽挖到距槽底 2m 左右时，再于槽内埋设坡度板。如图 8-4（b）所示。

坡度板在有的地区称高程样板或龙门板。有的地区规定不得高于地面，有的规定在高于地面的木桩之上，见图 8-5。作法虽有不同，但基本原理均是一样的，可以根据当地的经验和习惯进行。

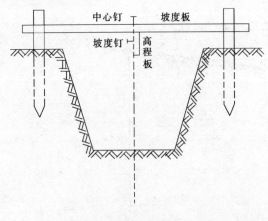

图 8-5　埋设坡度板（二）

坡度板埋设要牢固，应使其顶面近于水平。坡度板设好后，应以中心桩为准用经纬仪将管道中心线投在上面并钉中心钉，再将里程桩号或检查井等附属构筑物桩号写在坡度板的侧面。

2. 测设坡度钉

为了控制管道的埋设，使其符合设计坡度，在已钉好的坡度板上测设坡度钉，以便施工时具体掌握槽底、基础面、管底的高程。如图 8-4、图 8-5 所示，在坡度板上中心钉的一侧钉一高程板，高程板侧面钉一个坡度钉，使各坡度钉的连线平行管道设计坡度线，并距槽底设计高程为一整分米数，称为下反数，利用这条线作为控制管道坡度和高程。

测设坡度钉的方法灵活多样，最常用的是"应读前视法"。图 8-6 表示该方法的计算原理。其施测步骤如下：

（1）后视水准点，求出水准仪视线高。

（2）选定下返数，计算坡度钉的"应读前视"。

应读前视 = 视线高 − （管底设计高 + 下反数）

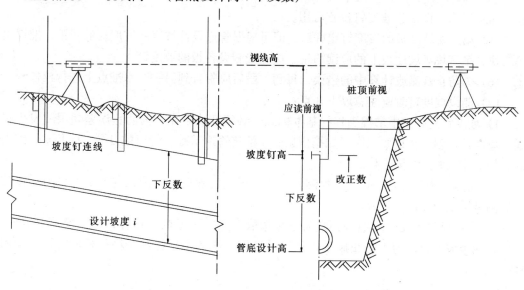

图 8-6　应读前视法测设坡度钉

下反数选定，一般是使坡度钉位于不妨碍工作而且使用方便的高度位置上（常用 1.5～2.00m），表 8-1 选用的下返数是 2.00m。

坡 度 钉 测 设 记 录

工程名称：×××　　　工程日期：<u>2001.7.9</u>　　　　观测：<u>×××</u>

仪器型号：<u>S3-780154</u>　　天气：<u>晴</u>　　　　　　记录：<u>赵××</u>

表 8-1

测点（桩号）	后视读数	视线高	板顶前视	高程	管底设计高程	下反数	应读前视	改正数		备 注
								+	−	
BM_3	1.346	51.338		49.992						已知高程
6号井 0+177.4			1.912		47.440	2.000	1.898	0.014		
167.4			2.000			2.000	1.928	0.72		
157.4			1.806		$i=3‰$	2.000	1.958		0.152	
147.4			1.816			2.000	1.988		0.172	
137.4			1.885			2.000	2.018		0.133	
5号井 0+127.4			1.913		47.290	2.000	2.048		0.130	
BM_2			0.834	50.504						已知高程 50.502

107

管底设计高程可从纵断面图中查得。

(3) 立尺于坡度板顶，读出板顶前视读数，算出坡度钉需要的改正数。

$$改正数 = 板顶前视 - 应读前视$$

改正数为正数，表示自板顶向上量数定钉；改正数为负数，表示自板顶向下量数定钉。

(4) 钉好坡度钉后，立尺于所钉坡度钉上，检查实读前视与应读前视是否一致，误差在 ±2mm 以内，即认为坡度钉位置可用。

(5) 第一块坡度板的坡度钉定好后，即可根据管道设计坡度和坡度板的间距，推算出第二块、第三块等坡度板上的应读前视，按上法测设各板的坡度钉。

(6) 为防止观测或计算中的错误，每测一段后应附合到另一个水准点上进行校核。

(7) 测设坡度钉时应注意以下几点：

1) 坡度钉是施工中掌握高程的基本标志，必须准确牢靠，为防止误差超限或发生错误，应经常校测。在重要工序（如挖槽见底、铺筑管道基础、管道敷设等）前和雨、雪天后，均要注意做好校测工作。

2) 在测设坡度钉时，除本段校测外，还应联测已建成管道或已测好的坡度钉，以防止因测量错误造成返工事故。

3) 在地面起伏较大的地方，常需分段选取合适的下返数，这样，在变换下返数处，需要钉两个坡度钉，为了防止施工中用错坡度钉，通常采用钉两个高程板的方法，如图 8-7。

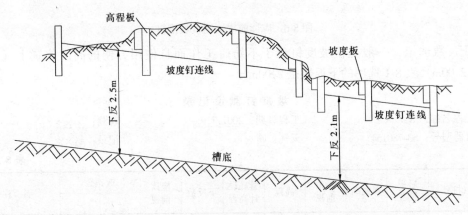

图 8-7 分段测设坡度钉

4) 为便于施工中掌握高程，在每块坡度板上都应写好高程牌或写明下返数。下面是一种高程牌的形式。

0 + 177.4	高程牌
管底设计高程	47.440
坡度钉高程	49.440
坡度钉至管底设计高	2.000
坡度钉至基础面	2.050
坡度钉至槽底	2.150

（二）平行轴腰桩法

当现场条件不便采用坡度板法时，对精度要求较低的管道可用平行轴腰桩法控制管道坡度，其步骤如下：

1. 测设平行轴线

开工前先在中线一侧或两侧平移测定一排平行轴线桩，桩位应在开槽线以外。如图8-8（a）中的 A，其与中线的轴距为 a；各桩间距约在 20m 左右，在检查井附近的轴桩应与井位对应。

2. 计算对应比高 h

测出 A 轴各桩的高程，并依照对应的沟底设计高程，计算对应比高 h（可列表示出）。

3. 控制沟槽底高程

制作一边可伸缩的直角尺，检查沟槽底比高 h'。

4. 钉腰桩

在沟槽边坡上（距槽底约 1m）再定一排与 A 轴对应的平行轴线桩 B，其与中线的间距为 b，这排桩称为腰桩，如图8-8（b）所示。

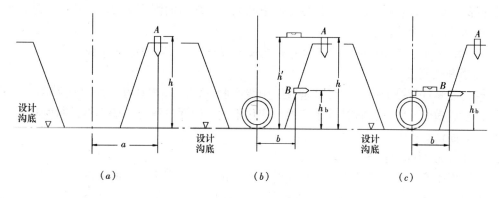

图 8-8　平行轴腰桩法

5. 引测腰桩高程

如图8-8（c）所示，测出各腰桩高程，用各桩高程减去相对应的管底设计高程，得出各腰桩与设计管底的比高 h。并列表，用各腰桩的 b 和 h_b 即可控制埋设管道的中线和高程。

四、管道铺设中的测量

（一）管道中心

管道中心由沟槽上口坡度板上的中心钉或由控制桩来确定，其方法如图8-9所示用垂线和水平尺定管道中心。制作一个与管内径相等的带刻度的简易水平尺，管放稳后，将水平尺放入管内，并找好水平，再在沟上口中心线上吊下一垂线，若垂线正好对准水平尺的中心位置，则管中心位置正确；若垂线不在管内的水平尺中心，则向左右移动管子，使垂线与水平尺中心线对准为止。

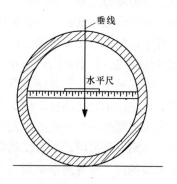

图 8-9　管道中心

另外一种方法也可将坡度板上（或控制桩确定）的管道中心线放在管道基础上，并画上标记，下管时将管道压在基础的标记线上即为管道中心线，然后再用水平尺法校核。

（二）管道高程

管道高程主要指管内底高程。对排水管道工程施工来说这是最重要的一环。它的依据是坡度板上的高程钉或由控制桩引测高程。

在实际施工中也往往在已形成的管道基础上用钉桩或作标记来作为管道中心和高程的依据。但不论采用哪种方法控制，在管道稳固后均应用水准仪重新校测管底高程。

这里应当指出，在管道铺设过程中，中心线和高程控制应同时进行，不能分开。

五、管道施工测量的记录

管道工程属于隐蔽工程。因此，在管道工程的施工过程中各工序施工测量记录和管道铺设后的验收测量记录必须完整、准确，以如实反映管道工程施工成果和作为整理编绘竣工资料和竣工图的依据。

六、管道纵横断面测量

1. 纵断面测量

根据管线附近敷设的水准点，用水准仪测出中线上各里程桩和加桩处的地面高程。然后根据测得的高程和相应的里程桩号绘制纵断面图。纵断面图表示出管道中线上地面的高低起伏和坡度陡缓情况。

管道纵断面水准测量的闭合差允许值为 $\pm 5 \sqrt{L}$ mm （L 以 100m 为单位）。

2. 横断面测量

横断面测量就是测出各桩号处垂直于中线两侧一定距离内地面变坡点的距离和高程。然后绘制成横断面图。在管径较小，地形变化不大，埋深较浅时一般不做横断面测量，只依据纵断面估算土方。

3. 纵横断面综合叙述

纵断面水准测量仅显示出沿水平线的地形变化，以图表示就是断面图。

但对于许多实际使用情况这是不够的。实际上，为了设计某种宽度（3～5m）的管路，不仅要知道沿纵向水准线的地形，并且需查勘沿水准线两侧地带的地形（约 10～20m）。重要的是，当设计时要知道管路的轴线是沿平坦地区还是沿斜坡。例如，左侧为高耸的山岭，而右边是河旁的低地。

为了查勘靠近水准线地区的特性，须在横向加测水准，通常垂直于水准线（干线）向左右作横断面测量（见图 8-11）。横断面之长度视水准测量的目的而不同，例如，对于道路向两侧出 25～50m。如图 8-10 所示在平面图上的水准线，或称干线，其上有 105、106 等号里程桩，并在每个桩上向左右各测出 25m 的横断面。横断面的测设（角度）用定角器或经纬仪，而量距用轻便卷尺或钢尺。当测量横断面时要标志显著的地形变化点，长度自干线起量至该点，并记入草图中，而在此点设置与地面相平的木桩，以备立水准尺并靠着它设立注记距离的桩。例如在图 8-10 中表示在 105 及 110 桩外横断面点的设置。横断面上的水准测量可与干线的水准测量同时进行，或在干线水准测量以后单独进行。

在第一种情况，水准仪通常置于两桩之间，例如在 105 及 106 间，对该两点以仪器或望远镜的两个位置测不定期。首先确知所得两点间的高程差具有所要求的精度，此后将立于 105 点上的后尺循次竖立于标出的横断面点上，先测右边，再测左边，记入下面的手簿

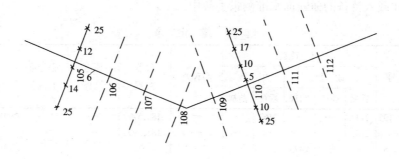

图 8-10　水准线图

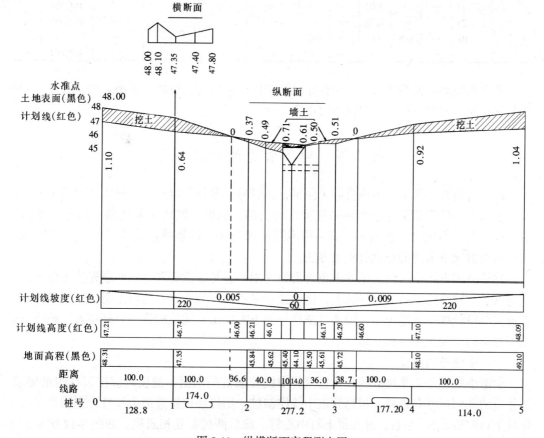

图 8-11　纵横断面高程测点图

中（见表 8-2）。

在此手簿中有 105 及 106 桩号，其间横断面点注以左右字样。前后桩间水准观测二次，以读数之中计算高程，并由仪器高程 183.579 和高程差 +1470 校核之。横断面点则以第二仪器高计算，因为它们是以仪器第二位置（提高了的）测量的。

由此可见，横断面点的高程计算，正像间视点（两桩之间的点）一样，这种横断面图的水平及垂直距离用同一种比例尺绘制，并各纵断面图分开绘制，或绘制在相应的桩点上方，例如图 8-11。

在干线水准测量以后单独地进行横断面水准测量时，测量者必须从适当的桩号或水准点开始，并载入特备的横断面水准测量手簿中。

测 量 记 录 表 8-2

测站	点号	尺上读数					高程差	仪器高程	假定高程	假定高程改正	海拔高程	备注
		读 数			中 数							
		后视	前视	间视	后视	前视						
106	105	2147	—	—	2167	—	—	183.579	—	—	181.412	—
		2187	—				—	183.599	—	—		
	右 6	—	—	2475	—	—	—		—	—	181.124	—
	14	—	—	3548	—	—	—				180.051	—
	25	—	—	3822	—	—	—	+ 1470	—	—	179.777	—
	左 12	—	—	2002	—	—	—		—	—	181.597	—
	25	—	—	1232	—	—	—				182.367	—
	106	—	678	—	—	697	—		—	—		—
		—	716				—				182.882	—

若在横断面甚长的情形下，则首先沿横断面以通常方法设桩，而测各桩点高度，其方法与纵断面水准测量相同，但仪器仅设置一次。

第三节 地下管道的施工测量

地下管道施工测量是指顶管施工测量，顶管施工敷设管道时，一般均采用简单易行的开槽法施工。但当管道穿过车辆来往频繁的公路、铁路、城市主要道路、河流或建筑物时，往往由于不允许开槽施工，而采用不开槽埋管法，即顶管法、盾甲法、坑道法等方法，通常情况下采用的是顶管施工方法。

顶管施工方法中又以人工挖土顶管最为常用。它是在欲要顶管的两端先挖工作坑，在坑内安装导轨，将管材放在导轨上，借助顶进设备的顶力克服管道与土层的摩擦阻力，将管道按照设计坡度顶进土中（随顶进随将管内土方挖出）铺筑成管道。现将人工挖土顶管施工测量的主要方法步骤介绍如下。

一、中线桩的测设

管道中线桩是工作坑放线和设置顶管中线控制桩的依据，测设时应按设计图纸要求、工作坑的几何尺寸和桩号，根据管道中线控制桩，用经纬仪将管道中线桩分别测设在离工作坑上口前后 1.5m 左右，并在桩上钉中心钉。前后两桩要互相通视，如图 8-12 所示，中线桩要妥善保护以免丢失或碰动。

中线桩钉好后，即可根据工作坑的设计图纸测设开挖边界。

应当注意的是，管道中心与后背的中心往往一致，而与工作坑的中心有一致的、也有不一致的，测设时应予区分。

二、顶管中线控制桩测设

当工作坑开挖到一定深度时，应根

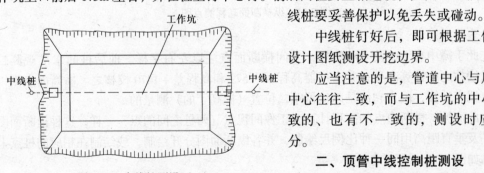

图 8-12 中线桩测设（一）

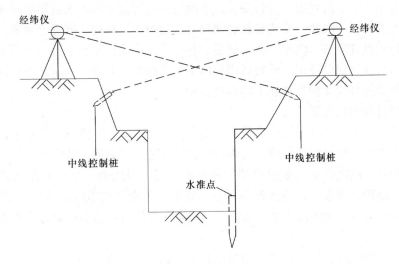

图 8-13 中线桩测设（二）

据工作坑设计图和管道中线桩在其纵向两端牢固地测设顶管中线控制桩（钉中心钉），以作为管道顶进过程中控制方向的依据，如图 8-13 所示。

三、工作坑内水准点的设置

工作坑内的水准点，是安装导轨和管道顶进过程中掌握高程的依据。为确保水准点高程准确，一般是在工作坑内设两个稳固的水准点以便经常校测。

四、导轨的计算和安装

顶管时，工作坑内要安装导轨以控制管道顶进方向、坡度和高程。导轨常用钢轨（见图 8-14）或断面 15cm×30cm 的方木。两种导轨的效果大致相近。木导轨制作、安装较复杂，材料损耗也大，故不常用。这里仅介绍钢导轨的计算和安装的方法。

1. 钢导轨轨距离 A_0 的计算

由图 8-14 可知：

$$A = 2\sqrt{(D + 2t)(h - c) - (h - c)^2}$$

$$A_0 = A + a$$

(8-3)

式中 A——导轨上部的净距（mm）；

    D——管内径（mm）；

    H——导轨高度（mm）；

    t——管壁厚度（mm）；

    C——预留空缝高度，一般为 10～20mm；

    A_0——导轨中心至中心的间距（mm）。

2. 导轨的安装

导轨一般安装在枕木或枕铁上，并固定牢固，具体作法可按设计图进行。

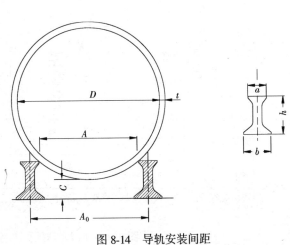

图 8-14 导轨安装间距

导轨相当于一个定向轨道。导轨安装的准确与否对管道的顶进质量影响很大，特别是设计坡度较大的时候。因此，安装导轨必须符合管道中线、高程、坡度的要求。导轨安装后至少要进行六点（轨前、轨中、轨尾的左右各一点）验收，并在下第一节管子后测量负载后的变化，对导轨加以校正。导轨高程和内距允许偏差一般为±2mm，中心线允许偏差为3mm。用顶管外径尺寸制作的弧形样板进行检查。

五、顶进过程中的测量

　　当调整了由于第一节管子压到导轨上引起的变化之后，应重测第一节管子前端和后端的管底高程、中线。经反复检验确认合格后，方可顶进。因为第一节管子顶进的方位（中线、高程、坡度）的准确是保证整段顶管质量的关键。因此第一节管子在顶进中应勤测量、勤检查，要细致操作，以防出现偏差。一般第一节应每进20cm，对顶进方位要测量一次，正常以后每50～100cm测量一次。当测量发现管位偏差达1cm时就应考虑纠偏校正工作。

　　顶进中的高程测量一般用水准仪和特别的高程尺进行（见图8-15），正常情况下，是测最前一节管子的管前和管后的管底高程，以检查高程和坡度的偏差。

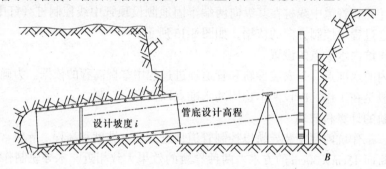

图 8-15　顶进中的高程测量

　　高程测量时常用的作法是：按设计纵坡用比高法检验，例如 5‰ 的纵坡，每顶进 10m 就应升高 5mm，该点的水准尺读数就应小 5mm。

　　中心线方向测量一般采用"小线垂球延长线法"（见图8-16）。也可在工作坑后背前的

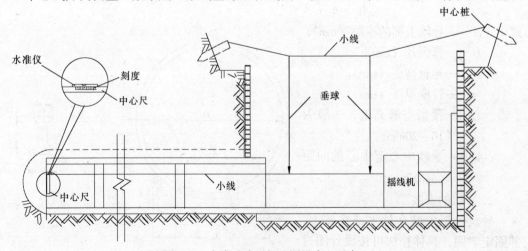

图 8-16　小线垂球延长法测量中心示意

中线上采用测量架，用经纬仪对高程和中线兼顾的测量方法，以减少测量占用工时的现象，此法的测量成果也有相当精度。在水平钻孔机械出土的情况下，有的已开始应用激光导向，使机械顶管的方位测量与偏差校正自动化，从而既节省人力，也大大提高顶管质量。

小线垂球延长线法也叫"串线法"，具体作法是：在顶管中线控制桩上拉中心线，用两个垂球沿中心线投至工作坑内。在已顶进的管端安置一个水平尺（其上有水平器刻划和中心钉）。以两垂球线为准拉一根直线，并延长至管端部水平尺上，若此直线与水平尺的中心钉相重合，则管道中心无偏差。否则，尺上中心钉偏向哪一侧，即表明管道也偏向哪个方向。

表8-3是一种顶管施工测量记录格式，它反映了顶进过程中的中线及高程情况，是分析、评价顶管施工质量优劣的重要依据。

顶 管 施 工 测 量 记 录

工程名称：××污水　　　　　　日期：2000.8.5　　　　　　观测：宁××

仪器型号：S3-770684　　　　　天气：晴　　　　　　　　　记录：肖××

表 8-3

井号	里程	中心偏差	水准点读数	应读数	实读数	高程误差	备注
井6	0 + 380.0 380.5 381.0 381.5 …… 400.0	0.000 右 0.002 右 0.002 左 0.001 ……… 左 0.004	0.522 0.603 0.519 0.547 …… 0.610	0.522 0.601 0.514 0.540 …… 0.510	0.522 0.602 0.516 0.541 …… 0.510	0.000 -0.001 -0.002 -0.001 …… ± 0.000	$i = 5‰$

六、地下管道的竣工测量

管道工程竣工后，在回填之前，为了如实反映施工成果、评定施工质量，以备将来与扩、改建的管道连接和对其进行维护、检修，必须进行竣工测量。

管道工程竣工测量的主要内容是编绘竣工平面图和断面图。应实测管道起、终点及转折点和各井的中心（有的要求井内管中心交叉点）坐标，并且施测出与建筑物或构筑物的关系位置，并在平面图上表示出来。还要注明管径及井的编号、井间距离和井沿、井底或管底（有的是管顶）的标高。在断面图上则应全面反映管道的高程位置及坡度，地面起伏形状。对于压力管道，除了编制竣工图外，尚需要有敷设的管道节头承受压力的试验等有关文件。

第四节　架空管道的施工测量

架空管道系安装在混凝土支架、钢结构支架、靠墙支架或尾架等构筑物上。它的施工测量主要包括：支架基础施工测量、支架安装及校正竖直度测量、管道安装测量。

一、支架基础中心线的放样

在具有控制网的情况下，可按设计要求以控制点为依据放样支架基础中心线。一般可采用十字轴线法或平行线作为放样中心线的控制。如按平行线法控制，先根据管道支架中心线 A、B、I、C、D 各点放样出一定间距的整米数平行线 a、b、i、c、d 等点，如图8-17所示。

检测各转折点夹角，与其设计值比差不得超过 10′。在不具备控制网的条件下，亦可按与有关建筑物的关系位置定出。然后进行支架基础定位，开挖后进行基础施工，即绑扎钢筋，支设模板，浇灌混凝土，投放出中心标板上的中心线。

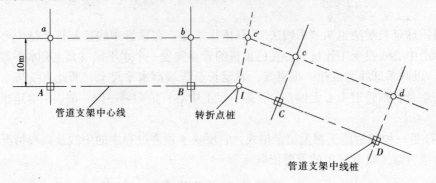

图 8-17　支架基础中心线

支架基础多采用杯形基础，其施工放样具体方法如下：

1. 支架基础定位

如图 8-18 所示，先在地面上测设出支架中心线 AB，固定中心线控制桩 A、B。再将仪器安置于中心线原点 A 上照准 B 点，量支架间距分别定出中心点 1、2、3 等，再在离柱基开口处 0.5～1.0m 处沿柱中心点打入四个定位木桩 f、h、l、m，各支架基础有了定位桩之后就可以作为挖土的依据。

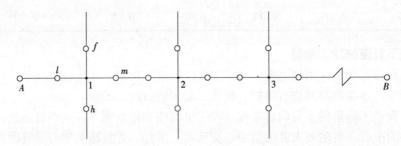

图 8-18　支架基础定位示意

2. 基底抄平

当支架基础挖土将要达到设计标高时，用水准仪以水准点标高为基准，在基坑四周抄出距坑底设计标高为某一常数（一般为 0.5m）的标高，并在水平方向钉以小木桩，如图 8-19 所示，沿桩上皮拉线来修整坑底，以便达到设计深度。

3. 打垫层及安放模板

基坑底修整完毕后，开始打垫层，垫层就是充填一定厚度的块石，并在上面浇筑一定厚度的混凝土（称为垫层）。此时的测量工作主要是高程放样使其垫层达到设计标高，并以定位桩为准，在垫层面上弹出支架基础中心线，经校核后作为安装基础模板的依据。

支架混凝土基础多呈长方形，在高度方面则做成阶梯形状。如图 8-20 所示。

安置模板时，先将模板底部按设计尺寸画出中心标志，再与垫层上的中心线对准，并以垂球校正模板垂直。上部亦可在定位桩上拉线挂垂球，使模板上两中心线的横木条（事

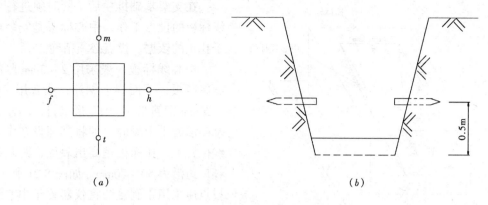

图 8-19 基底抄平

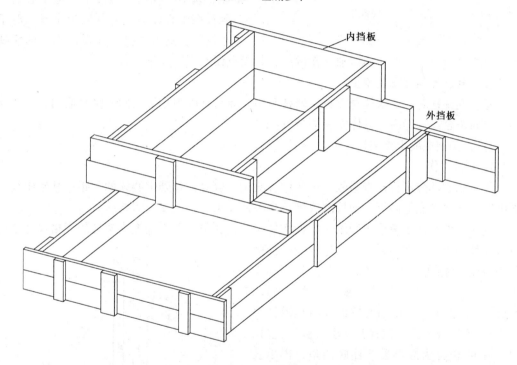

图 8-20 基础模板

先按尺寸钉好）与垂线相切，然后即可浇灌混凝土。

在安置模板前绑扎钢筋需注意以下几点：1）钢筋位置正确，与中心线偏差控制在10mm 以内，标高偏差控制在 ±5mm 以内；2）用吊垂球的方法控制钢筋骨架的垂直度。

4. 杯口抄平

如图 8-21 所示，为常见的杯口混凝土支架基础，将预制支架插入该基础杯口中，经定位校正后，作二次浇灌。所以，在基础拆模后，相应于杯口内壁四面至少各抄出一点。点的标高应较杯口混凝土表面设计标高略低 3 ~ 5cm，所有点应为同高度，误差不超过 2 ~ 3cm，并作出 "▼" 标志，注明其标高数字。用此标高点来修正杯口内底部表面，使其达到设计标高。

5. 中心标板投点

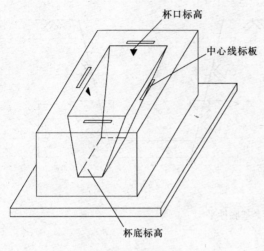

图 8-21　杯口抄平

在支架基础拆模后，同时须进行中线标板的投点工作，中心标板是安装柱子找正的依据，投点必须精确。

中心线标板一般采用 2 ~ 3mm 厚的金属薄板，下面焊上钢筋；或者用 $\phi18$ ~ 20mm 钢筋制成"Ω"形卡钉；均需在基础混凝土未凝固之闪将其埋设在中心线位置上，让标板稍高出表面，距基础杯口边沿为 50 ~ 70mm，如图 8-21 所示。投点应采用正倒镜法将仪器置于中心线原点或中心线适当位置上，把中心线精确投在中心标板上，刻以十字丝。对于小钢钉，则需边投边埋设，用红油漆划圆圈。所有中心线投点，均需独立作两次，其投点误差不得大于 2mm。

二、管道支架柱安装测量

安装支架柱时，要求柱身竖直，使柱身中心线与基础中心线在同一竖直面内，并让支架柱顶面符合设计标高。具体安装测量方法：

（一）预制混凝土支架柱

1. 准备工作

先对基础部分进行检查验收，主要检查测量内容是：基础中心线的间距、基础中线标板画线、杯口杯底标高等，使检测成果符合限差要求，满足安装需要。

其次，要全面了解施工图纸，掌握构件尺寸，在吊装前要检查支架柱的规格尺寸是否符合设计要求。并在吊装前将支架柱身三面弹出中心线（墨线），每面中心线上再分别标志出上、中、下三点，作成"▶"记号，如图8-22所示，由牛腿面用钢尺按设计高程沿柱身向下量出"±0"标高位置，作出"▶"记号，以"±0"位置为准再量至柱底四角，得出长度与设计数值比较，作出记录，如图 8-23 所示。例如：①点处误差为 + 2mm；②点处为 + 5mm；③点处为 – 10mm；④点处为 – 7mm。施工人员可根据基础杯底的实测标高加以修正，使之支架柱竖起后满足牛腿面的设计高程。修正的办法是：高处铲平，低处加垫钢板，尽量做到宜低不宜高，因为加垫板比铲底容易。

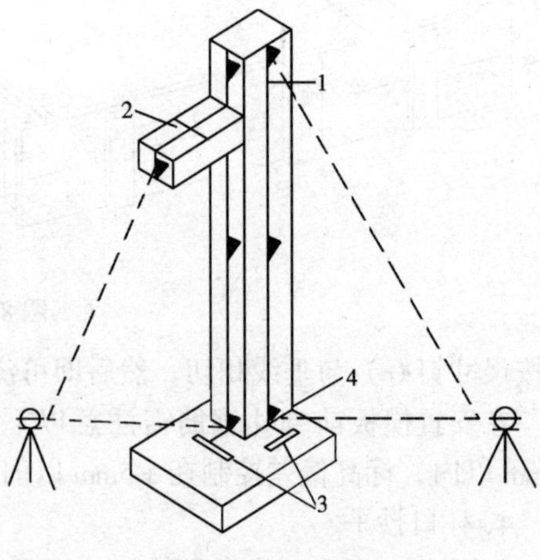

2. 支架柱安装测量与校正

图 8-22　支架柱中心

1—柱中线；2—牛腿面中线；
3—柱下端标高点；4—基础中线

先根据柱基础面上的中心线标板，在基础面上弹出基础中心线（墨线），然后将预制钢筋混凝土支架柱子起吊，插入杯口中，使柱身中心墨线与基础面中心墨线对齐找正。四

118

周用拉线拉紧，杯口四周插入木楔来进行调整固定，使之中心线的误差不大于±5mm。在现场实地放样的"±0"位置与柱子上的"±0"位置比较，其误差不应超过±3mm。然后，校正柱身竖直。校正方法：用两台经纬仪分别安置在中心线上，如图8-22所示。照准柱身下标志，仰起望远镜分别照准柱中及柱顶等标志，看是否在同一视准面内，如有偏差可用拉线上的紧缩器拉紧或放松使柱身竖直，同时调杯口楔子固定。经两台经纬仪同时在柱子两侧方向反复校正，满足垂直条件后，将上视点投至柱下，量出其偏离误差。柱高10m以下允许竖直偏差为±10mm；柱高超过10m时其允许偏差为$H/1000$（H为柱高），但最大不应超过±25mm。

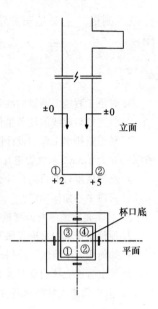

图8-23　支架柱立面与平面

（二）靠墙悬空支架

对于靠墙悬空支架管道中线的引测，可在墙边线上选择A、B二点，如图8-24所示。按设计尺寸，由墙边线用钢尺量取间距X，定出A、B直线，再用正倒镜投点法将管道中线分别投测到每个支架上。

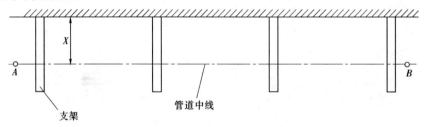

图8-24　靠墙悬空支架

三、支架柱标高测量

通常利用已知水准点，先引测于柱身、架身或墙上，再用钢尺引测到支架柱顶上，如图8-25所示。

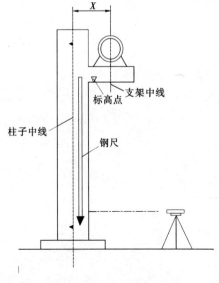

图8-25　支架柱标高位置

四、架空管道的安装测量

管道安装前，先找出管道中心线，然后再将管道用吊车吊至支架柱牛腿上的管座上，并使管道中心线与支架中线对齐，再将管道固定住。

五、架空管道的施测精度

《管道测量规程》规定：管道支架中心桩直线投点的允许误差为±5mm。支架间距丈量允许误差为1/2000，基础定位控制柱的定位允许误差为±3mm。

管道安装前应在支架上测设中心线和标高。中心线投点允许误差为±3mm，标高允许误差为±3mm。

架空管道安装后，同地下管道一样，需要进

行竣工测量。主要是实测管道支架位置及起、终、转点等支架坐标和标高并编绘竣工平面图。

思 考 题 与 习 题

1. 管道工程施工测量的准备工作主要有哪些内容？

2. 管道槽口放线的任务是什么？

3. 某道路排水工程中设计铺设一条直径为 400mm 的雨水管道，土质为四类土（亚黏土），经计算开槽深度 h 为 2.5m，求该管道开槽上口宽度 B？

4. 测设坡度钉的目的是什么？

5. 管道中心如何确定？

6. 什么是管道纵断面测量和横断面测量？

7. 顶管工作坑内水准点如何设置？

8. 如何用"串线法"控制顶管中线？

9. 架空管道支柱的垂直度如何控制？

10. 架空管道支柱的标高引测及中线投点的测设容差有何规定？

第九章　暖通设备安装测量

第一节　概　　述

暖通设备主要有水泵、风机、集气罐、膨胀水箱、散热器、锅炉等。由于各种设备功能和用途不同，在实际中的安装位置各不相同，如：大部分设备安装在地面（水泵、锅炉等），一些设备安装在墙上、屋顶上（风机、散热器等）。有的设备在工作状态时处于高速运转状态（如风机、水泵），有的设备属于压力容器（如集气罐、锅炉），且各种设备都不是孤立的，是暖通循环工程的一个组成部分。因此，要求设备安装必须稳固，设备运转轴系必须平行，与动力设备和输入、输出设备处于正确的几何关系。

暖通设备安装测量的任务就是为满足上述要求，按照安装设计要求，把设备基础的平面位置、高程和设备基础各细部的尺寸测设在地面上或建筑物的某一部位，作为基础施工的依据，并在设备安装过程中，进行一系列的测量工作，以指导和保证设备各部件的正确安装，在设备安装完成后进行验收测量，保证设备正常运转。暖通设备安装测量具有以下特点：

（1）暖通设备安装测量的主要工作是设备基础放样，由于各种设备安装地点不同，因此，基础放样的方法各异；

（2）由于暖通设备高速运转和压力容器的特点，因此，在设备安装过程中的测量工作主要是设备的找平、找正和复核；

（3）暖通设备安装测量的仪器、工具多样化。除使用经纬仪、水准仪、钢尺外，常用到水平仪、垂球以及一些自制工具；

（4）精度要求高，由于暖通设备具有上述特点，因此，要求测量精度较高，除满足测量规范外，还要满足设备安装工程施工及验收规范。

在进行设备安装测量前，除了应对所使用的测量仪器和工具检校外，首先应熟悉设计图纸，复核设计数据。设计图纸是设备基础放样的主要依据，有关的设计图纸主要有：设备布置平面图、设备基础设计平面图（大样图）和基础剖面图。

从设备布置平面图上查明设备安装置于建筑物的平面位置和高程的关系，它是测设设备基础位置的依据；

从设备基础设计平面图上查明设备基础的总尺寸、内部各定位轴线间的尺寸关系、基础边线与定位轴线的关系尺寸及基础布置与基础剖面位置的关系；

从基础剖面图上可以查明基础尺寸、设计标高以及基础边线与定位轴线的尺寸关系。

根据以上图纸资料，结合设备型号，复核设计数据，如有出入，会同设计部门协商解决。然后结合现场情况，查阅相应的规范确定测设方案。

第二节　常用暖通设备的安装测量

暖通设备主要有水泵、集气箱、膨胀水箱、风机等，各种设备在安装过程中的测量工作繁简不一，本节主要对水泵安装中的测量工作做重点介绍，其他设备安装测量工作可根据设计要求参照水泵安装测量的方法进行。

一、水泵安装时的测量工作

水泵安装中的测量工作包括基础放样、土建施工复核、水泵安装时的找平、找正和安装后的验收测量。

（一）基础放样

基础放样就是根据设备平面布置图、设备基础设计平面图和剖面图的有关尺寸，首先测设出基础定位线和基础标高，根据基础定位线确定基础开挖边线，并用白灰标示出来。

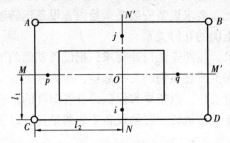

图 9-1　基础定位

1. 基础定位线的测设

如图 9-1 所示，A、B、C、D 为泵房基础矩形轴线的四个控制桩，MM'、NN' 为水泵基础纵横定位轴线，一般为水泵出入口中心轴线和水泵运转轴中心轴线在地面上的投影，现要根据设计数据测设出 MM'、NN' 两定位轴线。

测设时根据设计给定的水泵定位轴线与泵房基础轴线的距离 l_1、l_2，分别从 C、D 起始沿 CA 和 DB 轴线方向用钢尺精确丈量 l_1，在地面定出 M、M' 两点，打木桩用小钉标示；从 C、A 两点起始沿 CD 和 AB 轴线用钢尺精确丈量 l_2 在地面打桩确定 N、N' 两点。最后用钢尺精密丈量 l_1、l_2 与设计长度进行比较，其误差不应超过 ±20mm。用两架经纬仪分别安置在 M、N 点上，瞄准各自轴线另一端点 M'、N'，交会出水泵定位轴线的交点 O 作为水泵基础的定位点。然后，再在设备基坑边线和泵房基坑边线之间的轴线方向上打入四个小桩 p、q、i、j，并用水泥固定作为设备基坑定位桩。泵房建筑完毕后，沿 pq、ij 定位线方向，在墙上各埋设两对扒钉，扒钉应高于水泵轴承高度，在扒钉上转测定位线点 M、M'、N、N'。

2. 基础标高基准点测设

依据建筑标高基准点用水准测量的方法，在某一定位桩上导入高程作为设备基础标高基准点。如泵房建设完毕，可在四面墙上同高度选定 4～6 个点测定高程，作为设备基础标高基准点，各点高度偏差不能超过 1mm。

3. 基础放样

现以图 9-2 所示为例说明设备基础放样方法。在定位桩上拉细线绳，用特制的"T"形尺，按基础设计样图的尺

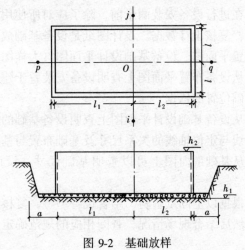

图 9-2　基础放样

寸和基坑放坡尺 a 放出开挖边线，并撒上白灰标出。

4．基坑抄平

基坑开挖到接近坑底设计标高时，用水准仪根据地面上的高程基准点在坑壁上测设一些高程相同的水平小木桩。桩的上表面与坑底设计标高一般相差 0.3～0.5m 用作修正坑底和垫层施工的依据，如图 9-3 所示。

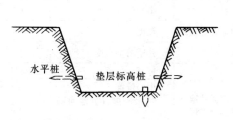

图 9-3　基坑抄平

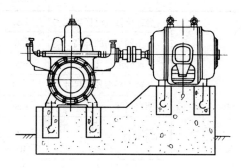

图 9-4　水泵基础

5．基础模板定位

基础的混凝土垫层完成并达到一定的强度后，在基坑定位桩 p、q、i、j 顶面的轴线钉拉细线绳，用锤球将轴线投测到垫层上，并以轴线为基准定出基础边界线，弹出墨线作为立模板的依据。

组立模板时，依据基础十字基线和坑壁水平桩，确定基础平面外形尺寸和凸台、凹穴的外形尺寸。如图 9-4 所示即为有凸台的 S 型水泵。

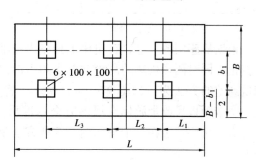

图 9-5　地脚螺栓孔的测设

6．预埋地脚螺栓孔的测设

模板组立好后，将基础定位线在模板上口刻上标记，依据基础定位线标记在模板四壁上口确定预埋地脚螺栓孔各条轴线标记，然后，以这些标记为准在纵向和横向拉细钢丝并固定在模板上，纵、横向钢丝的十字交点即为各预埋地脚螺栓孔的中点位置，依此可以确定预埋地脚螺栓孔。如图 9-5 所示为 D 型泵预留地脚螺栓孔示意图，如图 9-6 所示为用细钢丝在模板口交会出的预埋地脚螺栓孔的中点位置。

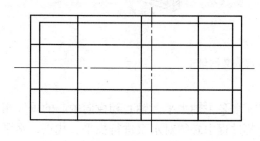

图 9-6　细钢丝交会地脚螺栓孔位置

（二）水泵安装测量

1．复测基础土建尺寸

在设备安装之前，首先要对基础土建工程进行复测。沿基础上刻出的十字定位线，用墨斗线弹出两条黑线。根据这两条线和基础平面图，详细检查基础各细部和地脚螺栓孔的平面位置及各平面的标高和水平度，检查项目和精度要求见表 9-1。

根据泵房内的高程基准点，用水准仪在泵轴两端混凝土壁上，标出等高的 6~8 个高程点，安装人员依据这些高程点对机座底部混凝土面找平。

设备基础尺寸和位置要求　　　　　　　　　　　表 9-1

项　目		允许偏差(mm)	项　目		允许偏差(mm)
基　础	坐标位置（纵横轴线）	±20	预埋地脚螺栓	标高（顶端）	+20
	各不同平面的标高	±0		中心距（在根部和顶部两处测量）	±2
	平面外形尺寸	±20	预埋地脚螺栓孔	中心位置	±10
	凸台上平面外形尺寸	−20		深度	+20
	凹穴尺寸	+20		孔壁的垂直度	10
	不水平度　每　米	5	预埋活动地脚螺栓锚板	标高	+20
	不水平度　全　长	10		中心位置	±5
	竖向偏差　每　米	5		不水平度（带槽的锚板）	+5
	竖向偏差　全　长	20		不水平度（带螺纹孔的锚板）	2

2. 水泵底座的安装测量

根据机座图的尺寸，在机座上预刻出主轴中线。在扒钉间拉起两条中线，移动机座进行找正，同时测量机座的高程和四个角点的高差，高差之差不大于 ±2mm 时，固定机座。测量高差的方法为：如图 9-7（a）所示，将水准仪安置在距纵向基线两端等远的地方，把一个带钢板尺或带游标卡尺的方框水准尺（图 9-7b）分别立于机座四角，使方框水准尺平面与机座长边在一个平面内，并使方框水准尺纵横两汽泡居中，然后精确测量各点的高差。

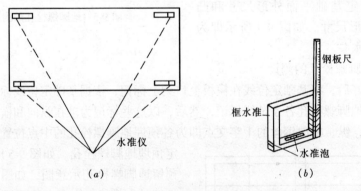

钢板尺

框水准

水准泡

水准仪

（a）　　　　　　　　　　（b）

图 9-7　水泵底座安装测量

3. 泵体和电动机的安装测量

泵体和电动机吊装到机座上之后，为了保证水泵主轴水平，轴心和横向中心的垂线相重合，进出口中心与纵向中心线相重合，在安装过程中必须对水泵进行找平、找正，水泵安装完成后要求进行质量检查。

（1）水泵找平　水泵找平的方法有：把水平尺放在水泵轴上测量轴向水平；或把水平尺放在水泵底座加工面上或出口法兰面上测量纵向、横向水平；或用吊垂线的方法，测量水泵进口的法兰垂直平面与垂线是否平行，若不平行，调整泵座下垫铁。

泵的找平应符合下列要求：

1）卧式和立式泵的纵、横向不水平度不应超过 0.1/1000，测量时应以加工面为基准；

2）小型整体安装的泵，不应有明显的偏斜。

（2）水泵找正　在水泵外缘以纵、横中心线位置立桩，或在定位线的两对扒钉拉起相互交角 90°的定位中心线，在靠泵轴的一端和进出口端，由两根细钢丝上各挂垂球线，根据两根垂线指示的水泵轴心和进出口中心找正。泵的找正应符合下列要求：

1）主动轴与从动轴以联轴节连接时，两轴的不同轴度、两半联轴节端面间的间隙应符合设备技术文件的规定。

2）水泵轴不得有弯曲，电动机应与水泵轴向相符。

3）电动机与泵连接前，应先单独试验电动机的转向，确认无误后再连接。

4）主动轴与从动轴找正、连接后，应盘车检查是否灵活。

5）泵与管路连接后，应复校找正情况，如由于与管路连接而不正常，应调整管路。

4．水泵安装的质量检查

水泵安装就位后，要对水泵安装的质量进行全面检查，测量检查的主要项目是水泵安装基准线与建筑轴线，设备平面位置及标高的误差。具体项目允许偏差及检验方法见表 9-2。

水泵安装基准线的允许偏差和检验方法　　　　表 9-2

项　次	项　目		允许偏差（mm）	检验方法
1	安装基准线	与建筑轴线距离	±20	用钢卷尺检查
2		与设备　平面位置	±10	用水准仪和钢板尺检查
3		与设备　标　高	+20 -10	

二、风机安装时的测量工作

风机主要有轴流通风机、离心通风机和罗茨鼓风机。轴流式通风机一般安装在墙壁、柱子、窗上及顶棚下，由安装人员按安装说明进行，在此不再介绍。离心通风机其底座可安装在减振装置上，也可直接安装在基础上，其基础放样方法和水泵基础放样方法相同。风机安装的允许偏差，中心线的平面位移为 10mm，用钢卷尺测设和检查；标高允许偏差为 ±10mm，用水准仪和钢板尺测设和检查；传动轴水平度纵向为 0.2/1000，横向水平度为 0.3/1000，测定方法是：纵向水平度用水平仪在主轴上测定，横向水平度用水平仪在轴承座的水平中分面上测定。电动机应水平安装在滑座上或固定的基础上，其找正应以装好的风机为准。

罗茨鼓风机的安装测量可参照水泵安装的测量进行。

第三节　锅炉安装测量

一、锅炉基础施工测量

（一）基准线测设

如图 9-8 所示，根据锅炉房建筑基准点，放出锅炉本体基准线，其原则是以炉排主动轴中心或炉前面板为基准线，如有多台锅炉待安装，基准线应一次放出；之后根据锅炉本体基线统一放出该炉各部件及辅机中心线。包括如下内容：

(1) 锅炉钢构架立柱底脚板中心线；

(2) 重型炉墙支座中心线；

(3) 炉排前、后轴，测墙板和下导轨支座中心线；

(4) 省煤器或空气预热器中心线；

(5) 鼓风机、引风机、除渣机、碎煤机、压缩机、给油泵、给水泵、排水泵等锅炉铺机中心线。

放线的方法可参阅本书第五章和第七章的有关内容。

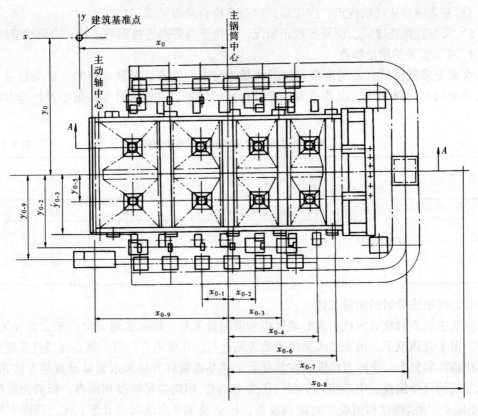

图 9-8　锅炉基础施工测量

(二) 基础放样

根据测设的基准线和基础平面图、基础大样图测设基坑，并进行基坑抄平、基础横板定位，其方法可参阅水泵的基础放样方法。

二、锅炉安装的测量工作

(一) 复测土建确定的锅炉基础中心线

如图 9-9 所示，设 OO' 为土建确定的锅炉基础中心线，经测定此中心线与锅炉基础中心线和其他相关设备基础（鼓风机、引风机、除尘器、炉排转动设备等）相对位置完全相符合，便可确认此线为锅炉纵向基准线。可用钢卷尺进行量测，如量测结果与上述有出入，应与有关部门协商调整。必须确定锅炉基础纵向基准线，以此线确定其他基准线。方法如下：

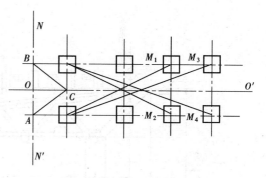

图 9-9　锅炉基础放样

（1）首先通过炉排调速装置的支座中心（或在炉前外边缘）画出一条与线段 OO' 垂直的线段 NN' 作为锅炉横向基准线。

（2）验证纵向中心线 OO' 与横向中心线 NN' 是否相互垂直。可利用等腰三角形法验证，设两侧地脚螺栓定位线与 NN' 的交点分别为 A 和 B，在 OO' 上适当位置选定一点 C，用钢尺精确丈量 AC 和 BC，如果 $AC = BC$，则 $OO' \perp NN'$；如果 $AC \neq BC$，则应对 NN' 进行调整，即以 OO' 上 C 点为圆心，以 AC 长度为半径，在另一侧地脚螺栓基准线上画弧，其交点即为调整后的 B 点，过 AB 画直线即为调整后横向中心线 NN'。

（3）将确认的锅炉基础纵向基准线从炉前到炉后用红铅油画在基础上，同时画出横向中心基线标志。

（4）以纵向基准线 OO 和横向基准线 NN' 为基准，按照设计样图，分别画出其他辅助中心线。再用拉对角线法验证画线位置的准确性，如图 9-8 所示为预埋地脚螺栓位置的验证，用钢卷尺精确丈量 M_1、M_2、M_3、M_4，如果 $M_1 = M_2$、$M_3 = M_4$，则说明，预埋地脚螺栓位置正确，否则应进行调整。

（5）如果为散装锅炉，尚需分别画出钢柱在基础预埋锚板上的轮廓线，并将其中心线延长到基础方框外，将标记画在基础侧面以便于调整。

（二）复测土建施工标高

根据锅炉房建筑标高基准点测出锅炉本体基准标高线，一般取锅炉操作平台为 ±0，然后根据锅炉基础标高基准线，测出各附属设备基础（或锚板）的标高，经复核后在基础上或基础四周，选定有关的同高的若干地点，分别用红铅油作标记，各标记间相对高差不应超过 1mm，如图 9-10 所示。

（三）复核锅炉与附属设备基础的相互位置和标高

按照锅炉图纸和锅炉房工艺设计图进行认真校对，复核确定锅炉与附属设备基础的相互位置和标高，方法步骤如下：

（1）根据"三线"即锅炉纵线、横线、标高基准线，画出锅炉预埋锚板（或地脚螺栓或支承条形基础底板）的轮廓线，也是锅炉的安装基准线。同时画出锅炉的辅助设备，如调速机、风机、烟道、风道等的安装位置线，基础标高线。

（2）根据锅炉基础图和锅炉房平面布置图，仔细核对各部尺寸。主中心线偏差，立式锅炉和整装锅炉允许值为 4mm；基础的几何尺寸与设计尺寸的偏差允许值为 15mm；运转层标高差不大于 20mm；所有设备的螺栓预留孔、预埋地脚螺栓、预埋铁件均应符合规范要求。

用油漆将各设备的各类安装基线，分别画在墙上、柱上或基础侧面，其偏差不得超过 1mm。基础放线基本尺寸应符合表 9-3 的要求。

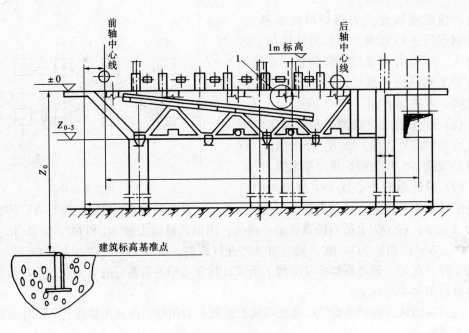

图 9-10　锅炉房建筑标高

锅炉及其辅助设备基础的允许偏差　　　　　　　　　　　　表 9-3

项　　目		允许偏差（mm）
纵、横轴线的位置		±20
不同平面的标高（包括柱子基础表面上的预埋钢板）		0 −20
平面的水平（包括柱子基础面上的预埋钢板或地坪上须安装锅炉的部位）	每　　米	5
	全　　长	10
外形尺寸	表面外形尺寸	±20
	凸台上平面外形尺寸	−20
	凹穴尺寸	+20
预留地脚螺栓孔	中心位置	±10
	深　　度	+20 0
	孔壁垂直度	10
预埋地脚螺栓	顶端标高	+20 0
	中心距（在根部和顶部两处测量）	±2

（四）锅炉安装测量

锅炉有立式锅炉、整装锅炉和散装锅炉。其部件和辅机众多，安装方法各异，民用锅炉主要是整装锅炉，在此只对整装锅炉本体的安装测量工作进行介绍。

基础验收画线后，一般情况下整装锅炉可直接安装在略突出地面的条形基础上，基础高度一般在 500mm 以下。根据锅炉基础上画好的安装基线标记和标高标记，同时在锅炉本体上要标出所对应的安装基线标记，直接将锅炉拉上基础就位之后进行锅炉的找正、找平。

1. 锅炉找正

锅炉就位后，由于在撤出滚杠时可能产生位移，因此，必须进行找正。其方法是，用千斤顶较正，调整锅炉纵、横中心位移，使锅炉体上纵向中心标记与基础纵向中心基准标记相吻合或锅炉支架纵向中心线标记与条形基础纵向中心线标记相吻合，其允许偏差为±20mm；使锅炉前轴中心线标记与基础前轴中心基线标记相吻合，其允许偏差为±2mm。用斜垫铁调整标高误差，直到达到找正的允许偏差。如图 9-11 所示。

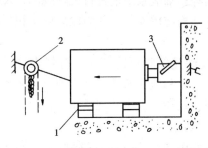

图 9-11　锅炉找正

1—斜垫铁；2—手拉葫芦；3—千斤顶

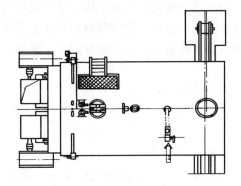

图 9-12　锅炉横向找平

2. 锅炉找平

（1）锅炉纵向找平。用水平尺（水平尺的长度不小于 600mm）放在炉排的纵排面上，检查炉排面的水平度，检查点最少为炉前、后两处。水平度要求炉排面纵向应水平或炉排面略坡向锅筒排污管一侧为合格。

（2）锅炉横向找平。用水平尺（水平尺的长度不小于 600mm）放在炉排的横排上，检查点最少为炉排前、后两处，炉排的横向倾斜度不得大于 5mm 为合格。

在施工条件允许时，可在屋面板安装前，直接将锅炉吊至基础上就位，用经纬仪、水平仪一次性校核，找平锅炉在左右两侧基础的水平度，经水准仪测量锅炉基础的纵向和横向水平度，其不水平度小于或等于 4/1000 时，可免去锅炉的找平，方法如图 9-12 所示。

思 考 题 与 习 题

1. 简述暖通设备安装测量的特点。

2. 试述设备基础施工测量都包括哪些内容？

3. 简述锅炉基础土建复核的内容和方法。

4. 简述锅炉找平、找正的方法。

第十章 建（构）筑物的施工观测

第一节 建筑物的沉降观测

一、布设观测点

对于高层建筑、大型厂房、重要设备基础、高大构筑物以及人工处理的地基、水文地质条件复杂的地基、使用新材料和新工艺施工的基础等，都应系统地进行沉降观测，及时掌握沉降变化规律，以便发现问题，采取措施，保证结构使用安全，并为以后施工积累经验。

（1）选择观测点位置：观测点应设在能够正确反映建筑物沉降变化、有代表性的地方。如房屋拐角、沉降缝两侧、基础结构变化、荷载变化和地质条件变化的地方，对于圆形构筑物，应对称地设在构筑物周围。点位数量要视建筑物的大小和现状布置情况，由技术人员和观测人员确定。点与点之间的间距不宜超过 30m。

（2）观测点的形式和埋设要求：观测点可选用如图 10-1 所示的构造形式。图 10-1（a）是在墙体内埋设一角钢，外露部分置尺处焊一半圆球面。如图 10-1（b）所示是在墙体内或柱身内埋一直径 20mm 的弯钢筋，钢筋端头磨成球面。如图 10-1（c）所示是在基础面上埋置一短钢筋。

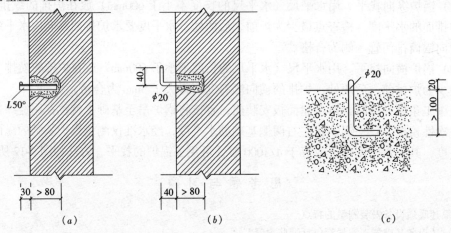

图 10-1 观测点构造形式

对观测点的要求：

（1）点位必须稳定牢固，确保安全，能长期使用。

（2）观测点必须是个球面，与墙面要保持一定距离，能够在点位上垂直立尺，注意墙面突出部分（如腰线）的影响。

（3）点位要通视良好，高度适中，便于观测。

（4）当建筑物沉降达到建点高度时，要及时建新点，及时测出初始数据。

（5）点位距墙阳角不少于20mm，距混凝土边缘不少于5mm。要加强保护，防止碰撞。

（6）按一定比例画出点位平面布置图，每个点都应编号，以便观测和填写记录。如图10-2所示是某建筑物观测点的平面布置图。

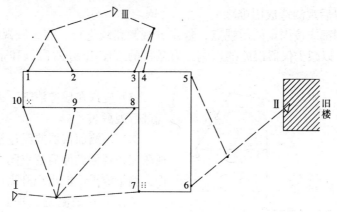

图 10-2　观测点平面布置图

二、建立水准点

对水准点的要求：

（1）作为后视的水准点必须稳定牢固，不允许发生变动，否则就会失去对观测点的控制作用点。

（2）水准点和观测点应尽量靠近，距离不宜大于80m，做到安置一次仪器即可直接进行观测，以减少观测中的误差。

（3）水准点不应少于3点，各点间应进行高程联测，组成水准控制网，以备某一点发生变化时互相校核。水准点可采用绝对高程也可采用相对高程。

（4）点位要建在安全地带，应避开铁路、公路、地下管线以及受震地区，不能埋设在低洼积水和松软地带。如附近有施工控制点，可利用施工控制点作为水准点。

（5）埋设水准点时，还应考虑冻胀的影响，采取防冻胀措施。

（6）如观测点附近有旧建筑物，可将水准点建在旧建筑物上，但旧建筑物的沉降必须证明已达到终止，且不受冻胀的影响，绝对不能建在临建工程、电杆、树木等易发生变动的物体上。

三、沉降观测

1. 观测时间

（1）在施工阶段从建观测点开始，每增加一次较大荷载（如基础回填，砌体每增高一层，柱子吊装，屋盖吊装，安装设备，烟囱每增高10m等）均应观测一次。

（2）工程恒载后每隔一段时间要定期观测。如果施工中途停工时间较长，在停工时和复工前都应进行观测。

（3）在特殊情况下（如暴雨后、基础周围积水、基础附近大量挖方等），要随时检查观测。

（4）特殊工程竣工后施工单位要将观测资料移交建设单位，以便继续观测。

观测工作要持续到建筑物沉降稳定为止。

2. 观测方法及要求

（1）各观测点的首次高程必须测量精确。各点首次高程值是以后各次观测用以进行比较的依据，建筑物每次观测的下沉量很小，如果初测精度不高或有错误，不仅得不到初始数据，还可能给以后观测造成困难。

（2）每次观测都应按固定的后视点，规定的观测路线进行。前、后视距应尽量相等，视距不大于 50m，以减少仪器误差的影响。有条件的宜使用 S_1 水准仪和带有毫米分划的水准尺。

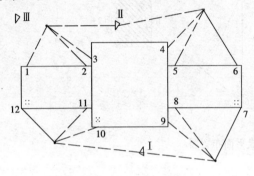

图 10-3　观测点布置图

（3）应选在成像清晰、无外界干扰的天气进行观测。

（4）观测前仪器要经过检验校正。各点观测完毕要回到原后视点闭合。对于重要工程，测量成果不能出现升高记录。

（5）沉降观测是一项长时间的系统工作，为获得正确数据，要采用固定人员、固定测量工具、按时间、按规定的观测路线进行观测。

（6）观测点和水准点要妥善保护，防止碰撞毁坏，造成观测工作半途而废。

3. 观测记录整理

每次观测结束后，要对观测成果逐点进行核对，根据本次所测高程与前次所测高程之差计算出本次沉降量，根据本次所测高程与首次所测高程之差计算出累计沉降量。并将每次观测的日期、建筑物荷载（工程形象）情况标注清楚，填写在表格内，一式二份，一份交技术部门，供技术人员对观测对象进行分析研究。

如图 10-3 所示是某教学楼建筑平面、水准点、观测点、观测路线布置图。观测成果见表 10-1。该楼采用的是人工砂基础。

为更清楚地表示出沉降、时间、荷载之间的变化规律，还要画出它们之间的曲线关系图，如图 10-4 所示。

时间与沉降关系曲线的画法是：在毫米方格计算纸上画，纵轴表示沉降量，横轴表示时间，按每次观测的日期和该点沉降量，在坐标内标出对应点，然后将点连线，就描绘出该点的关系曲线。

时间与荷载关系曲线的画法是：以纵轴表示荷载，横轴表示时间，按每次观测的日期和荷载标出对应点，然后将各点连成曲线。如图 10-4 所示下部为时间与沉降量曲线，上部为时间与荷载曲线。

曲线图可使人形象地了解沉降变化规律，如发现某一点突然出现不合理的变化规律，就要分析原

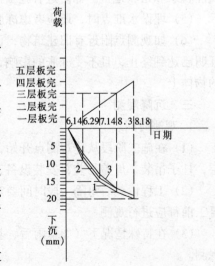

图 10-4　时间、荷载、沉降关系图

因，是测量误差还是点位发生变化。若点位移动，要重新引测高程继续观测。

沉 降 观 测 记 录 表　　　　　　　　表 10-1

工程名称：××教学楼　　　　　　　　　　　　　　　　　　　观测：×××

观测次数	观测日期	观　测　点									荷 载
		1			2			3			
		高程(m)	本次下沉(mm)	累计下沉(mm)	高程(m)	本次下沉(mm)	累计下沉(mm)	高程(m)	本次下沉(mm)	累计下沉(mm)	
		观　测　点　号									
1	1986.6.14	1.431	0	0	1.442	0	0	1.425	0	0	±0.000以下完
2	6.29	1.423	-8	-8	1.435	-7	-7	1.419	-6	-6	一层板吊完
3	7.14	1.416	-7	-15	1.429	-6	-13	1.413	-6	-12	二层板吊装完
4	8.3	1.413	-3	-18	1.426	-3	-16	1.409	-4	-16	三层板吊完
5	8.18	1.411	-2	-20	1.424	-2	-18	1.407	-2	-18	四层板吊完
	……	……	……	……	……	……	……	……	……	……	
注		水准点为假定高程，Ⅰ点为1.000m，Ⅱ点为1.240m，Ⅲ点为1.120m									

第二节　构筑物的倾斜观测

在进行观测之前，首先要在进行倾斜观测的建筑物上设置上、下二点或上、中、下三点标志，作为观测点，各点应位于同一垂直视准面内，如图10-5所示。M、N 为观测点，如果建筑物发生倾斜，MN 将由垂直线变为倾斜线。观测时，经纬仪的位置距离建筑物应大于建筑物的高度，瞄准上部观测点 M，用正倒镜法向下投点得 N'，如 N' 与 N 点不重合，则说明建筑物发生倾斜，以 a 表示 N'、N 之间的水平距离，a 即为建筑物的倾斜值。若以 H 表示高度，则倾斜度为：

$$i = \arcsin \frac{a}{H}$$

高层建筑物的倾斜观测，必须分别在互成垂直的两个方向上进行。

对于圆形构筑物（如烟囱、水塔）的倾斜观测，应在互相垂直的两个方向分别测出顶部中心对底部中心的垂直偏差，然后用矢量相加的方法，计算出总的偏差值

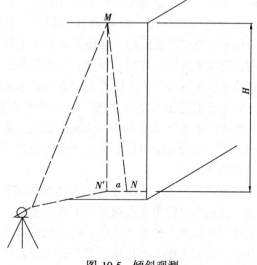

图 10-5　倾斜观测

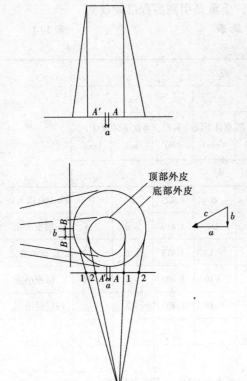

图 10-6 烟囱倾斜度观测

及倾斜方向。方法如图 10-6 所示,在距烟囱约为烟囱高度 1.5 倍的地方,建一固定点安置经纬仪,要使烟囱底部地面垂直视线放一木方,然后用望远镜分别照准烟囱底部外皮,向木方上投点得 1、2 点,取中得 A 点。再用望远镜照准烟囱顶部外皮,向木方上投点得 3、4 点,再取中点得 A'。则 A、A' 两点间的距离 a,就是烟囱在这个方向的中心垂直偏差,称初始偏差。它包含有施工操作误差和筒身倾斜两方面影响因素。

用同样方法在另一方向再测出垂直偏差 b。烟囱总偏差值为两个方向的矢量的相加。

$$c = \sqrt{a^2 + b^2}$$

例如烟囱向南偏差 25mm,向西偏差 35mm,其矢量值为:

$$c = \sqrt{25^2 + 35^2} = 43mm$$

烟囱倾斜方向为矢量方向,即图中按比例画的三角形斜边方向(向西南偏 43mm)。

然后用经纬仪把 A、A' 及 B、B' 分别投测在烟囱顶部中心对底部中心 A、B 点的位移量,即得出烟囱倾斜的变化数据。

第三节　冻　胀　观　测

基础周围土冻后,埋置在土中的基础受到两个上托力:一是地基受冻土隆起,给基础底面以冻胀力;二是基础侧壁土受冻隆起,由于基础侧面的摩擦作用,给基础以冻切力,如图 10-7 所示。由于冻胀影响,常使基础发生不均匀隆起,造成上部结构变形、裂缝,甚至损坏。即使非冻胀性土,入冬前土层若处于饱和状态或结冻过程中有水源侵入基础周围、也会产生冻胀。冻害严重的可将上部结构抬高 10mm 以上。至春暖化冻时,基础发生明显下沉,严重的会造成上部结构破坏。

冻胀的特点是:结冰过程中要观测基础升高变化,而化冻过程中要观测基础的沉降变化。观测工作贯穿结冻、化冻全过程,时间要从地表结冻开始,直到土层全部化冻、建筑物沉降稳定为

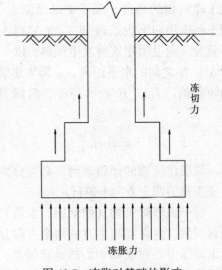

图 10-7　冻胀对基础的影响

134

止。每次的间隔时间要随温度的变化而定。

对于不采暖房屋,化冻过程中由于基础阳面、阴面温度不同,阳面先化冻,造成上部结构倾斜,因此化冻过程中更要加强对建筑物的倾斜观测。

冻胀观测与前面介绍的沉降观测道理相同。

第四节 建筑物的裂缝观测

建筑物或某一构件发现裂缝后,除应增加沉降观测次数外,还应对裂缝进行观测。因为裂缝对建筑物或构件的变形反应更为敏感。对裂缝的观测方法大致有如下两种:

(1)抹石膏:如果裂缝较小,或是裂缝末端,可抹石膏作标志,如图10-8所示。石膏有凝固快、不干裂的优点,当裂缝继续发展,后抹的石膏也随之开裂,便可直接反映出裂缝的发展情况。

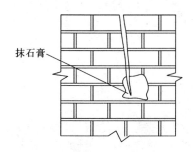
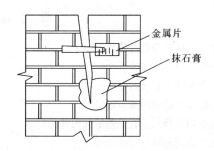

图10-8 抹石膏观测裂缝变形　　　　图10-9 设标尺观测裂缝变形

(2)设标尺:若裂缝较宽且变形较大,可在裂缝的一侧钉置一金属片,另一侧埋置一钢筋勾,端头磨成锐尖,在金属片上刻出明显不易被涂掉的刻划。根据钢筋勾与金属片上刻划的相对位移,便可反映出裂缝的发展情况,如图10-9所示。设置的标志应稳固,有足够的刚度,以免因受碰撞变形失去观测作用。

第五节 位 移 观 测

当建筑物在平面上产生位移时,为了进行位移测量,应在其纵横方向上设置观测点及控制点。如已知其位移的方向,则只要在此方向上进行观测即可。观测点与控制点应位于同一直线上,控制点至少须埋设三个,控制点之间的距离及观测点与相邻的控制点间的距离要大于30m,以保证测量的精度。如图10-10所示,A、B、C为控制点,M为观测点。控制点必须埋设牢固稳定的标桩,每次观测前,对所使用的控制点应进行检查,以防止其变化。建筑物上的观测点标志要牢固、明显。

位移观测可采用正倒镜投点的方法求出位移值,亦可采用测角的方法。如图10-10所示,设第一次在A点所测之角度为β_1,第二次测得之角度为β_2,两次观测角度的差数$\Delta\beta = \beta_2 - \beta_1$,则建筑物之位移值为:

$$\delta = \frac{\Delta\beta'' \times D_{AM}}{\rho}$$

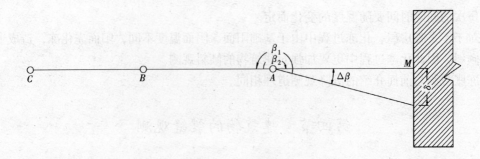

图 10-10　位移观测

式中　ρ——206265″；

　　D_{AM}——A、M 两点的水平距离（m）。

　　位移测量的容差为 ±3mm，进行重复观测评定。

<h2 style="text-align:center">思 考 题 与 习 题</h2>

1. 如何选择观测点的位置？
2. 观测点埋设有哪些要求？
3. 建立水准点有什么要求？
4. 沉降观测的时间如何规定？
5. 圆形构筑物总垂直偏差值如何计算？
6. 冻胀观测的特点是什么？
7. 对裂缝的观测方法有哪两种方法？

第十一章 全站仪及其应用

第一节 概　　述

全站仪又称全站电子速测仪，在测站上安置好仪器后，除照准需人工操作外，其余可以自动完成，而且几乎是在同一瞬间得到平距、高差和点的坐标。全站仪是由红外线测距仪、电子经纬仪和电子记录装置三部分组成。从结构上分，全站仪可分为"组合式"和"整体式"两种。"组合式"全站仪是用一定的连接器将测距部分、电子经纬仪部分和电子记录部分连接成一组合体。它的优点是能通过不同的构件进行灵活多样的组合，当个别构件损坏时，可以用其他的构件代替，具有很强的灵活性。"整体式"全站仪是在一个仪器外壳内包含测距、测角和电子记录三部分。测距和测角共用一个光学望远镜，方向和距离测量只需一次瞄准，使用十分方便。

全站仪的电子记录装置是由存储器、微处理器、输入和输出部分组成。由微处理器对获取的斜距、水平角、竖直角、视准误差、指标差棱镜常数、气温、气压等信息加以处理，可以获得各项改正后的数据。在只读存储器中固化了测量程序，测量过程由程序控制。

全站仪的应用可以归纳为四个方面：一是在地形测量过程中，可将控制测量和碎部测量同时进行；二是在测设放样时可将设计好的管线、工程建筑等设施的位置测设到地面上；三是作为图根控制的经纬仪导线、前方交会、后方交会等用全站仪来承担，不但操作简单，而且速度快、精度高；四是通过传输设备，可将全站仪与计算机、绘图仪相连，形成内外一体的测绘系统，从而大大提高了地形测绘工作的质量和效率。

第二节 全站仪的结构与功能

全站仪的种类很多，各种型号的仪器结构和功能大致相同。在此以日本索佳公司生产的 SET500 全站仪为例进行介绍。

一、仪器结构

SE500 的外观与普通光学经纬仪相似，仪器对中、整平、目镜对光、物镜对光、照准目标的方法也和普通光学经纬仪相同。如图 11-1 所示从正、反两面表现出仪器的各个部件。

二、键的功能

SET500 有四种工作模式，即测量模式、状态模式、存储模式和设置模式。不同模式的选择、模式间的转换、各种测量功能的调用、参数的设置和数字的输入，均由操作面板上的键来控制。如图 11-2 所示为仪器显示窗和操作面板。如图 11-3 所示再现了各种工作模式的显示窗和模式间的转换关系。其中测量模式有 3 个显示页面，测量模式第 2 页的

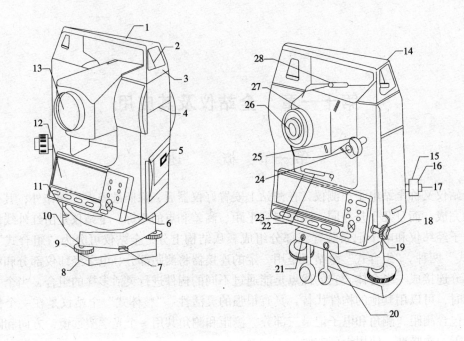

图 11-1　全部仪构造

1—提柄；2—提柄固紧螺丝；3—数据输入输出端口（位于提柄下）；4—仪器高标志；5—电池护盖；6—操作面板；7—三角基座制动控制杆；8—底板；9—脚螺旋；10—圆水准器校正螺丝；11—圆水准器；12—显示窗；13—物镜；14—管式罗盘插口；15—光学对中器调焦环；16—光学寻中器分划板护盖；17—光学对中器目镜；18—水平制动钮；19—水平微动手轮；20—数据输入输出插口；21—外接电源插口；22—照准部水准器；23—照准部水准器校正螺钉；24—垂直制动钮；25—垂直微动手轮；26—望远镜目镜；27—望远镜调焦环；28—粗照准器；29—仪器中心标志

"MENU"菜单下有 2 个显示页面，测量模式第 3 页的"REC"菜单下有 2 个显示页面。状态显示模式的"CNFG"菜单下有 2 个显示页面。

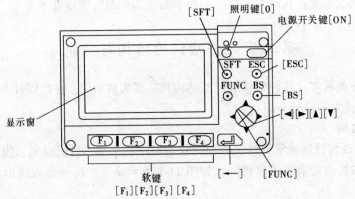

图 11-2　操作面板

各键的功能分述如下：

1. 开机和关机

开机按［ON］，关机按住［ON］后按［O］。

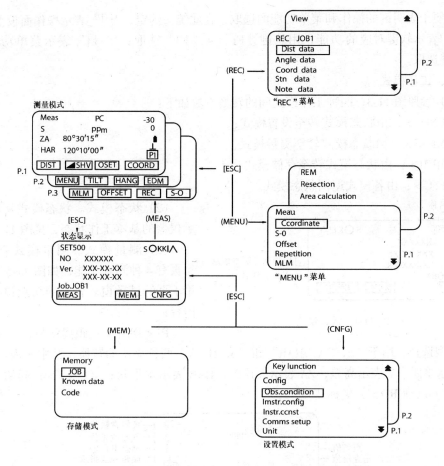

图 11-3 工作模式显示窗

2. 显示窗照明

打开或关闭均按 [O]。

3. 软键操作

显示窗底行的字母表示各软键的功能，可以用软键 [F1] ~ [F5] 选取对应的功能。如欲选取测量模式下的 < DIST > 功能，按 [F1]；选 < OSET > 功能，按 [F3]。

4. 其他键

[FUNC]：（1）改变测量模式菜单；（2）转至下一页字母数字显示；

[BS]：删除光标左边的一个字符；

[ESC]：（1）取消输入的数据内容；（2）返回前一页显示；

[SFT]：字母大小写转换；

[←]：选取或接收输入的数据内容；

[▲]、[▼]、[◄]、[►]：上、下、左、右移动光标。

例如仪器处在测量模式第一页，要求将水平角度值设置为 125°30′00″。

键盘操作如下：

[FUNC] → [F3] → [←] → [F1] → [F2] → [FUNC] → [F1] → [FUNC] →

[F3] → [FUNC] → [F3] → [FUNC] → [FUNC] → [F2] → [F2] → [F2] → [←]

为便于表明键的操作和菜单功能的选取,在此统一约定,"[ ]"表示操作面板上的键;"< >"表示软键对应的功能,用软键[F1]～[F4]选取;"{ }"表示菜单功能,用[←]键选取。

三、工作模式

(1) 参照图11-3,四种工作模式间的转换方法如下:

< CNFG >:由状态模式转至设置模式;

< MEAS >:由状态模式转至测量模式;

< MEM >:由状态模式转至存储模式;

< ESC >:由各模式返回状态模式。

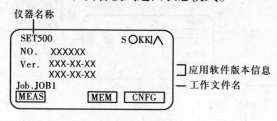

图11-4 状态模式

(2) 状态模式。状态模式是用来显示仪器的基本工作状态,见图11-4。

(3) 测量模式。测量模式有3页,每页有4种测量功能,如图11-5所示为第1页的显示窗。各页的功能包括如下内容:

P1 < DIST >:距离测量;< SHV >:测量类型选择,用于"S,ZA,HAR"和"S,H,V"两种显示的转换,其中S表示斜距,H表示水平距,V表示高差,ZA表示天顶距,HAR表示水平角;< OSET >:起始水平方向置零;< COORD >:坐标测量。

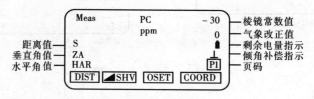

图11-5 测量模式

P2 < MENU >:进入菜单模式;< TILT >:倾角显示;< HANG >:将水平方向值设置为已知值;< EDM >:进入电子测距参数设置。

P3 < MLM >:对边测量;< OFFSET >:偏心测量;< REC >:进入存储数据菜单;< S-O >:放样测量。

需要说明的是菜单< MENU >中有多种测量功能可供选择,分别是:

{Coordinate}:坐标测量;

{S-O}:放样测量;

{Offset}:偏心测量;

{Repetition}:重复测量;

{MLM}:对边测量;

{REM}:悬高测量;

{Resection}:后方交会测量;

{Area Calcation}:面积测量。

(4) 存储模式。在存储模式可以将测量数据、测站数据和注记数据存储在当前工作文件中。

（5）设置模式。在设置模式可以进行观测条件、仪器、通信、环境因素、计量单位等各种参数的设置。

四、SET500 的主要技术

当气象条件良好时，一块棱镜的测程为 1800m，三块棱镜为 2000m，测距精度可达到 $\pm(3+2\times10^{-6}\times D)$mm。连续测量时最小显示距离为 1mm，跟踪测量时最小显示 10mm。角度最小显示 1″，精度为 ±5″。采用 BDC46 可充电式电池，单电池连续工作时间为 5~7h，仪器 30min 不工作时可自动切断电源。

第三节　全站仪测量方法

在上一节中列举了 SET500 的各种测量功能，除此之外仪器还具有存储数据、工作文件的选取与删除、数据的输入与删除、输出工作文件数据、双向数据通信等功能。本节主要介绍 SET500 的基本测量方法。

一、测量前的准备工作

1. 电池的安装

安装电池前必须先把仪器电源关掉，打开电池护盖（如图 11-6 所示），将事先充好电的电池向下插入电池盒（如图 11-7 所示），合上护盖，按下护盖开关钮。

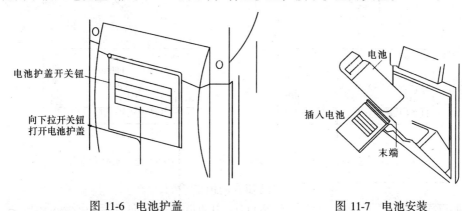

图 11-6　电池护盖　　　　　　　　图 11-7　电池安装

2. 仪器的安置

安置在测站上的全站仪，其对中、整平方法与光学经纬仪完全相同。SET500 还可以借助电子气泡整平。首先在测量模式第 2 页选取 < TILT >，使电子气泡显示在示窗上（如图 11-8 所示）。图中黑色小圆表示气泡，数字表示在互相垂直的 x、y 两个方向的倾角值，内圆的补偿范围为 ±3′，外圆的显示范围为 ±6′，按照光学经纬仪对中的方法调整脚螺旋，使电子气泡居中。

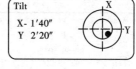

图 11-8　电子气泡

3. 垂直度盘和水平度盘指标的设置

按［ON］开机后仪器首先进行自检，此时示窗显示如图 11-9 所示，松开水平制动钮，旋转仪器照准部一周，听到一声鸣响后水平度盘指标自动设置完毕。松开垂直制动钮，纵转一周望远镜，听到一声鸣响后垂直度盘指标自动设置完毕。此时示窗显示如图 11-10 所示。

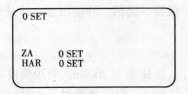

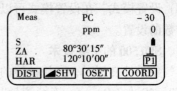

图 11-9　水平度盘指标设置　　　　图 11-10　垂直度盘指标设置

4．调整与照准目标

操作步骤与普通光学仪器相同。

二、角度测量

1．两个方向间的水平角

如图 11-11（a）所示，欲观测 1、2 两个方向之间的 β 角，在测站 O 安置仪器后照准 1 点，在测量模式第 1 页选取 < OSET >，在"OSET"字母闪动时再次按下该键，此时 1 方向值已设置为零，如图 11-11（b）所示。旋转照准部照准 2 点，这时示窗中显示的"HAR"值即为 1、2 两方向间的水平角，如图 11-12（a）、（b）所示。

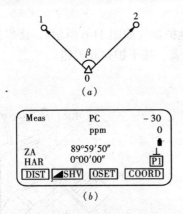

图 11-11　起始方向归零

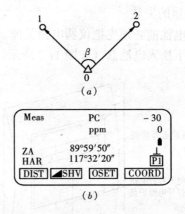

图 11-12　水平角显示

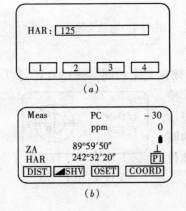

图 11-13　输入方向值

2．已知方向值的设置

在图 11-11 中如欲将 1 方向设置为所需的值，可先照准 1 点，在测量模式第 2 页选取 < HANG >，示窗中出现"Set Hangle"菜单后选取 {H angle}。输入所需的方向值，如图 11-13（a）的"125"，按 [←] 将 1 方向设置为 125°。旋转仪器再照准 2 点时，示窗中的"HAR"值即为 2 点的方向值。如图 11-13（b）所示。1、2 两个方向值之差即为两个方向间的水平角。

水平角重复测量可获得更高精度的测量结果。测量步骤如图 11-14 所示。仪器安置于 0，在测量模式第 2 页选取 < MENU >，在 MENU 菜单中选取第 1 页的 {Repetition}，旋转仪器照准 1 点方向后选取 < OK >，照准 2 点后选取

此时示窗显示如图 11-15 所示。

<OK>，第一次角度测量结束。以后的重复测量与第 1 次相同。图 11-16 显示的是 2 次重复测量水平角的结果，其中重复测角之和（HARp）为 101°16′20″，重复次数（Reps）为 2，重复测角均值（Ave）为 50°38′10″。SET500 重复测角的最大次数为 10 次。

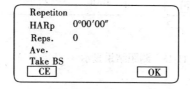

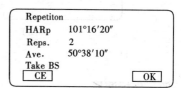

图 11-14　复测法　　　　　图 11-15　复测角归零　　　　　图 11-16　复测角显示

三、距离测量

1. 距离测量前的准备工作

测量前除应做好上述角度测量的准备工作外，还应做好以下几项准备工作：

（1）测距模式（Mode）设置。SET500 的测距模式有 6 种，分别是"重复精测"（Fine "r"）、"平均精测"（FineAVG）、"单次精测"（Fine "s"）、"重复粗测"（Rapid "r"）、"单次粗测"（Rapid "s"）和跟踪测量（Tracking）。仪器出厂时设置为"重复精测"，测距时可根据需要选择其他的测距模式。设置测距模式时可在测量模式第 2 页选取 < EDM >，进入测距模式设置状态，如图 11-17 所示。用 ［◀］、［▶］键选取需要的模式。

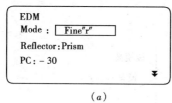

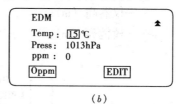

（a）　　　　　　　　　　　　　　　　（b）

图 11-17　测距模式设置

（2）反射镜类型（Reflector）设置。反射镜两类，一类是仪器出厂时设置的棱镜（Prism），另一类是反射片（Sheet），可在如图 11-17（a）所示的示窗中用 ［◀］、［▶］、［▲］、［▼］键选择。

（3）棱镜常数（PC）改正值设置。SET500 配套的不同棱镜具有不同的棱镜常数，常用的有 3 种，分别是 30，40 和 0mm，相应的改正值为 – 30，– 40 和 0。测距时应根据选用的棱镜，在图 11-17（a）所示的示窗中用 < EDIT > 设置棱镜常数改正值。

（4）气象改正值（1×10^{-6}）设置。测距红外光在大气中的传播速度会因大气折射率的不同而变化，而大气折射与大气温度和气压有着密切的关系。SET500 是按温度在 15℃，气压为 1013Pa 时气象改正值为 0×10^{-6} 设计的，如图 11-17（b）所示。测距时的气象改正值可以通过输入温度（Temp）和气压（Press）自动计算并存储在仪器内存中。

2. 距离测量

照准目标，在测量模式第 1 页选取 < DIST > 开始距离测量。测距开始后，示窗闪动显示测距模式、棱镜常数改正值、气象改正值等信息，如图 11-18（a）所示，然后示窗上显示出距离、垂直角和水平角，如图 11-18（b）所示。选取 < STOP > 停止测距，选取 < SHV > 可使距离值的显示在斜距（s）、平距（H）和高差（V）之间转换。

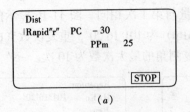

Dist		
Rapid"r"	PC	−30
	PPm	25
		STOP

(a)

Meas	PC	−30
	ppm	0
S	525.450m	
ZA	80°30'10"	P1
HAR	120°10'00"	STOP

(b)

图 11-18　测距结果显示

四、坐标测量

如图 11-19 所示，三维坐标计算公式为：

$$
\left.
\begin{aligned}
x_1 &= x_o + s \cdot \sin\theta \cdot \cos\alpha \\
y_1 &= y_o + s \cdot \sin\theta \cdot \sin\alpha \\
z_1 &= z_o + i + \cos\theta - \nu
\end{aligned}
\right\}
$$

式中　x_o, y_o, z_o——测站点的坐标；

x_1, y_1, z_1——待定点的坐标；

s——测站点至待定点的斜距（m）；

θ——天顶距；

α——方位角；

i——仪器高（m）；

ν——棱镜高（m）。

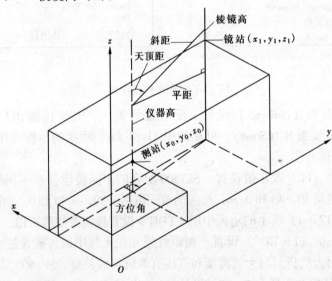

图 11-19　坐标测量

三维坐标测量的操作步骤如下：

（1）输入测站点和目标点数据。安置仪器于测站点上，在测量模式第 1 页选取 ＜CO-ORD＞，进入"Coord"菜单后选取 {Stn data}，选取 ＜EDIT＞ 输入测站坐标（NO，EO，ZO）、仪器高（Inst.h）和目标高（Tgt.h），如图 11-20 所示。

（2）设置后视坐标方位角。后视坐标方位角可以通过测站点坐标和后视点坐标反算得到。在"Coord"菜单中选取｛Set H angle｝，在"Set H angle"菜单中选取｛Back Sight｝，选取<EDIT>输入后视点坐标（NBS，EBS，ZBS），如图 11-21 所示，按［←］键后选取<OK>，示窗上显示测站点坐标，再选取<OK>设置测站点坐标。旋转照准部照准后视点，选取<YES>设置后视点坐标方位角，示窗显示如图 11-22 所示，后视点坐标方位角为 117°32′20″。

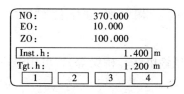

图 11-20　输入数据

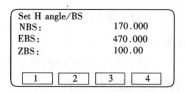

图 11-21　设置测站坐标

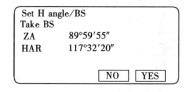

图 11-22　设置后视点坐标方位角

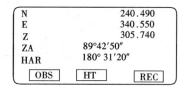

图 11-23　坐标值显示

（3）三维坐标测量。设置完后视坐标方位角后便可测定目标点的三维坐标。首先照准目标点的棱镜，在"Coord"菜单中选取｛Observation｝开始坐标测量，示窗上显示所测目标点的坐标值，如图 11-23 所示，其中 x（N）= 240.490m，y（E）= 340.550，z（Z）= 305.740m。

在同一测站上如果要照准下一个目标测量时，可以在照准目标点后选取<OBS>（观测）开始测量，按［ESC］键结束坐标测量。

五、后方交会测量

利用全站仪进行后方交会测量如图 11-24 所示，在测站点 O 安置仪器，在测量模式第 2 页选取<MENU>，在"Menu"菜单第 2 页选取｛Resection｝开始后方交会测量。选取<EDIT>，按点号顺序输入各已知点坐标和目标棱镜高度，每输入完一点后按［←］结束，按［▶］进入下一点输入。图 11-25 显示的是 1 点的输入数据。当所有已知点数据输入完毕后选取<MEAS>，示窗出现如图 11-26 所示。旋转仪器照准 1 点，选取<DIST>开始测距，示窗上出现测距结果后选取<YES>对测距结果进行确认。重复 1 点的方法依次照准其余各点测量，当观测的点数足以计算测站点坐标时，示窗上显示<CALC>，选取<YES>开始测站点坐标计算，计算结果如图 11-27 所示。选取<OK>结束测量。

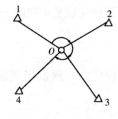

图 11-24　后方交会

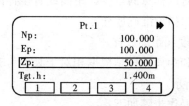

图 11-25　输入数据

Resection	Pt.1
N	100.000
E	100.000
Z	50.000
DIST **ANGLE**	

图 11-26 输入数据后显示

N	150.000
E	200.000
Z	50.000
σE	0.0010m
σN	0.0020m
RE-OBS **ADD** **REC** **OK**	

图 11-27 坐标计算结果

六、悬高测量

对于一些不能直接设置棱镜的高目标（如高压输电线、桥梁等），可用悬高测量方法测定目标的高度，如图 11-28 所示。

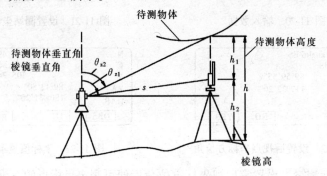

图 11-28 悬高测量

悬高测量法计算公式如下：

$$h = h_1 + h_2$$
$$h_2 = s(\sin\theta_{z1}\cot\theta_{z2} - \cos\theta_{z1})$$

悬高测量操作步骤如下：

REM	
Ht	6.255m
S	13.120m
ZA	89°59′50″
HAR	117°32′20″
	STOP

图 11-29 悬高测量显示

在待测物体的正下方（或正上方）架设棱镜，量取镜高；将仪器照准棱镜，在坐标测量中的 {stn data} 操作下输入棱镜高 h_1；在测量模式第 1 页选取 ＜DIST＞ 测距，选取 ＜STOP＞ 停止测距后，照准待测物体；进入测量模式第 2 页，选取 ＜MENU＞ 后选取 {REM}，此时开始悬高测量，示窗显示如图 11-29 所示，待测物体的悬高为 6.255m，选取 ＜STOP＞ 停止测量。

七、放样测量

利用全站仪放样十分方便，可以用角度、距离放样，也可以用坐标放样。在放样过程中，通过对放样点的角度、距离或者坐标的测量，仪器将显示预先设置好的放样值与实测值之差，以指导准确放样。

1. 角度和距离放样

角度和距离放样是根据相对于某参考方向转过的角度和放样距离测设出所需点位，如图 11-30 所示。

放样操作步骤如下：

（1）将仪器安置于测站点。

（2）后视参考点并将后视方向置零。

（3）在测量模式第3页＜S-O＞，进入"S-O"屏幕。

（4）选取｛S-Odata｝后用＜EDIT＞设置放样距离（SO dist）和放样角度（SO hang），如图11-31所示。

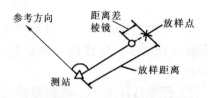

图11-30 角度和距离放样

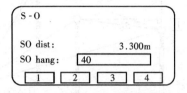

图11-31 设置放样数据

（5）按［←］后选取＜OK＞，完成放样值设置。

（6）转动仪器照准部使水平角度放样值与水平角实测值之差"dHA"为零，此时仪器视准轴指向放样方向，在此方向上设立棱镜。

（7）在示窗中选取＜S-O＞（放样方式选择）后选取｛S-OH｝（平距放样）。

（8）选取＜DIST＞开始放样测量，此时示窗显示平距实测值与放样之差"S-OH"，如图11-32所示。

（9）在照准方向上移动棱镜"S-OH"使值为零，此时棱镜处即为放样点位置。

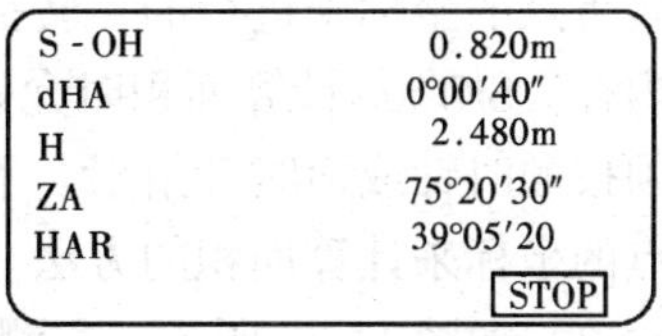

```
S - OH        0.820m
dHA        0°00′40″
H          2.480m
ZA        75°20′30″
HAR       39°05′20
                    STOP
```

图11-32 平距实测值

2. 坐标放样测量

在已知放样点坐标的情况下可以选择坐标放样测量。坐标放样之前输入测站点、后视点和放样点的坐标，仪器会自动计算放样的角度和距离值，利用角度和距离放样功能便可测设出放样点的位置。操作步骤如下：

（1）安置仪器于测站点。

（2）在测量模式第3页选取＜S-O＞进入"S-O"屏幕。

（3）选取＜Stn data＞，输入测站点坐标，选取＜OK＞。

（4）选取｛Set H angle｝设置后视方向坐标方位角。

（5）选取｛S-O data｝，选取＜COORD＞，用＜EDIT＞输入放样点坐标，如图11-33所示。

（6）选取＜OK＞后示窗上显示放样角度值和距离值。

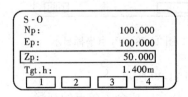

图11-33 输入放样点坐标

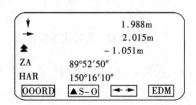

图11-34 坐标放样测量显示

（7）选取＜OK＞，选取＜S-O＞，示窗显示"S-O"（坐标放样）。

（8）选取＜COORD＞开始坐标放样测量，移动棱镜使"N"，"E"，"Z"值为零，此时棱镜处即为放样点位置。若选 < ←→ >，则示窗显示如图 11-34 所示，"↓"、"→"表示棱镜应该向"测站"、"右"移动。

八、对边测量

对边测量是在不搬动仪器的情况下直接测量多个目标点与起始点之间的斜距、平距和高差。下面结合图 11-35 介绍对边测量的方法。

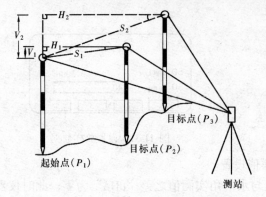

图 11-35　对边测量

（1）照准起始点 P_1，在测量模式第 1 页选取 < DIST >，完成距离测量后选取 < STOP > 停止。

（2）照准目标点 P_2，在测量模式第 3 页选取 < MLM > 对目标点进行测量，可以得到目标点与起始点间的斜距、平距和高差，示窗上显示如图 11-36 所示。

九、面积计算

面积计算是通过构成封闭图形的一系列转折点的坐标来进行的。转折点的坐标可以通过直接观测得到，也可以预先输入到仪器的内存。SET500 计算面积时允许点数范围为3～30,点号必须按顺时针或逆时针给出。下面介绍通过直接观测转折点的坐标来计算面积的方法。

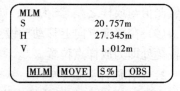

图 11-36　对边测量结果显示

（1）如图 11-37 所示，在测区适当位置安置仪器。

（2）在测量模式第 2 页选取 < MENU >，进入"MENU"菜单，选取 < Area Calculation >。

（3）照准 P_1 点，选取 < OBS >，再次选取 < OBS >，此时示窗上显示 P_1 点的坐标如图 11-38 所示。

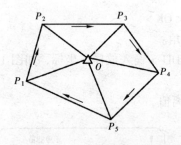

图 11-37　安置仪器位置

图 11-38　P_2 点坐标显示

（4）选取 < OK >，将 P_1 点记作"01"点，如图 11-39 所示。

（5）重复（3）、（4）步骤，按逆时针（或顺时针）依次完成余下各点的观测。

（6）当观测完 3 个点之后，如图 11-39 所示的示窗下便会出现 < CALC >，在全部点观测完毕后选取 < CALC > 计算并显示面积结果，如图 11-40 所示。选取 < OK > 结束面积计算返回测量模式。

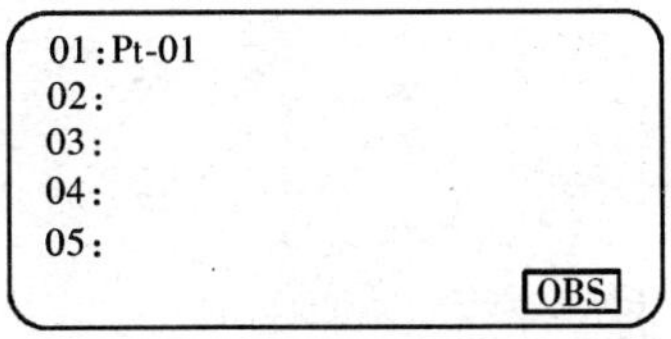

```
01:Pt-01
02:
03:
04:
05:
                    [OBS]
```

图 11-39 将 P_1 记作 01 点

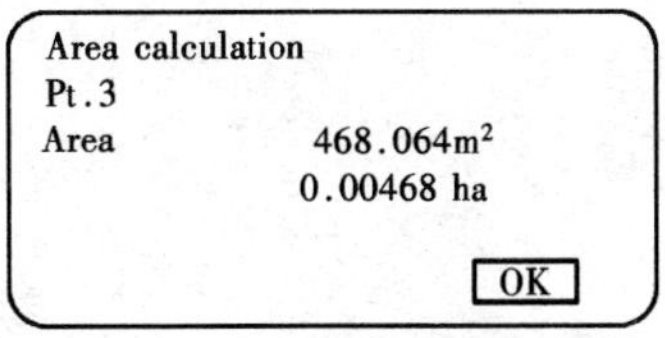

```
Area calculation
Pt.3
Area        468.064m²
            0.00468 ha

                    [OK]
```

图 11-40 显示面积结果

思 考 题 与 习 题

1. 全站仪主要由哪几部分组成?

2. 从结构上分, 全站仪有几种类型? 各有什么特点?

3. 简述全站仪的基本功能。

4. 试述用 SET500 全站仪进行观测的工作步骤。

(1) 水平角测量; (2) 距离测量; (3) 坐标测量; (4) 后方交会测量; (5) 悬高测量; (6) 放样测量; (7) 对边测量; (8) 面积计算。

参 考 文 献

1　邱国屏编著．铁路测量．北京：中国铁道出版社，2002

2　李生平编著．建筑工程测量．北京：高等教育出版社，2002

3　顾孝烈编著．测量学．上海：同济大学出版社，1999

4　王侬编著．现代普通测量学．北京：清华大学出版社，2001

5　过静郡编著．土木工程测量．武汉：武汉工业大学出版社，2000

6　王云江，赵西安编著．建筑工程测量．北京：中国建筑工业出版社，2002

7　吴来瑞，邓学才编著．建筑施工测量手册．北京：中国建筑工业出版社，1999